四校四导师实验教学
联合指导环境艺术毕业设计

中国建筑装饰协会设计委员会　编

王　铁　张　月　主　编
彭　军　李　沙　副主编

中国建筑工业出版社

图书在版编目（CIP）数据

四校四导师实验教学联合指导环境艺术毕业设计／中国建筑装饰协会设计委员会编．—北京：中国建筑工业出版社，2009
ISBN 978-7-112-11046-9

Ⅰ.四…　Ⅱ.中…　Ⅲ.环境设计－高等学校－教学参考资料　Ⅳ.TU-856

中国版本图书馆CIP数据核字（2009）第094874号

责任编辑：唐　旭　吴　绫
整体设计：王　铁
责任设计：郑秋菊
责任校对：兰曼利　王雪竹

四校四导师实验教学
联合指导环境艺术毕业设计

中国建筑装饰协会设计委员会　编

王　铁　张　月　主　编
彭　军　李　沙　副主编

*
中国建筑工业出版社出版、发行（北京西郊百万庄）
各地新华书店、建筑书店经销
北京嘉泰利德公司制版
北京画中画印刷有限公司
*
开本：889×1194毫米　1/20　印张：10　字数：280千字
2009年6月第一版　2009年6月第一次印刷
定价：69.00元
ISBN 978-7-112-11046-9
（18297）

四校四导师实验教学
联合指导环境艺术毕业设计

中央美术学院建筑学院
清华大学美术学院环境艺术设计系
天津美术学院设计艺术学院
北方工业大学艺术设计学院

目　录

CONTENTS

中国建筑装饰协会设计委员会

CHINA BUILDING DECORATION ASSOCIATION DESIGNING COMMITTEE

中装设函 [2009] 002号

2009 四校四导师环艺专业毕业设计教学交流
暨凯兴达优才计划奖

课题学校：中央美术学院建筑学院景观设计
清华大学美术学院环境艺术设计
天津美术学院设计艺术学院环境艺术设计
北方工业大学艺术设计

支持单位：中国建筑工业出版社

一、目标

高校艺术学科设计教育经过30多年的发展已形成了多种条件下的模式。各校根据实际情况先后组建了环境艺术设计学科，培养出大批学生，得到了学界和业界的认可。今天的设计成就足以说明中国高校在这一领域的成功。伴随着新形势下的社会需求，特别是高等院校评估教学后，如今的设计教育已由原来的高等教育单一知识型培养转变为知识与实践并存型培养。2008年底在四校教授共同热议下，决定先迈出一步，共同探讨环境艺术设计本科毕业设计课题新思路。目的是打破院校间的隔墙，从过去只是信息上的交流转变为直接交叉指导学生完成毕业设计，从多方向听取教师与学生的意见，丰富教学，理解学生，让相互之间都能有一个更广泛而深入的面对面交流，使学生毕业设计更加深入，激活他们在大学期间所学习到的专业基础知识与专业设计能力，达到充分反映每一个学生的真实能力和自身价值，建立走向社会实践的信心。

四校联合课题教学实录已与中国建筑工业出版社商谈，计划于2009年8月出版。

二、选题

1.四校学生可自己根据实际掌握的信息，并在各自导师的指导下决定选题。
2.指导教师有一定的信息可提供给学生自由选择毕业课题。
3.四校导师可交叉提供信息让学生自由选择课题。
4.开题报告四校通汇，指导教师团队可由学生填写，除本学校指导教师为第一责任导师外，可增加任何一所院校的课题指导教师为第二、第三、第四责任导师。

注：选择必须要有准确的CAD图，学生必须对所选现场进行实地调研，要遵守原则法规，有条件地实施方案设计。不提倡完全自由设计方案。
四校2009年1月20日前应互通选题信息，由中央美术学院建筑学院第五工作室负责整理汇总后发表到各位责任导师信箱，经确认后可直接转发给相关学生。

三、课题进度及说明

2009年1月3日在天津美术学院，彭军教授主持了第一次碰头会，中央美术学院建筑学院王铁教授，清华大学美术学院环境艺术设计系张月教授共同商榷决定2009年三校环境艺术设计方向毕业生毕业设计指导方针和原则。

2009年1月10日北方工业大学环境艺术设计方向在张月教授的沟通下非常愿意加入三校毕业探讨课题组，到此决定此课题为四校课题。

2009年3月寒假结束后的第二周，四校导师和毕业学生集中在清华大学美术学院召开课题仪式。四校学生代表发言，课题组教授发言，并提出四校本科毕业成果展望。

四、四校导师指导组教学安排

1.导师组长：	中央美术学院建筑学院	教授	王　铁
2.导师组副组长：	清华大学美术学院	教授	张　月
	天津美术学院	教授	彭　军
3.导师组秘书长：	北方工业大学	教授	李　沙
	凯兴达董事长	总设计师	郭建伟

注：寒假开学第一周完成指导计划和时间表，商讨集体行动。

五、启动仪式

2009年3月14日上午8：50在清华大学美术学院阶梯教室举行启动仪式

主持人：	张月副主任	清华大学美术学院教授 宣布“2009四校四导师环艺专业毕业设计教学交流暨凯兴达优才计划奖”正式启动
嘉　宾：	郑曙旸　教授	清华大学美术学院副院长　致辞
	张惠珍	中国建筑工业出版社副总编辑　致辞
	田德昌	中国建筑装饰协会设计委员会秘书长　致辞

苏　丹教授　清华大学美术学院环境艺术系主任
王　铁教授　中央美术学院建筑学院副院长
介绍四导师联合指导四校环境艺术设计方向本科毕业生教学研究与探讨

六、导师巡回指导安排

1.第一次：2009年3月28日上午9：00在北方工业大学毕业生教室，首先由李沙教授介绍整体进度，王铁教授、彭军教授、张月教授分别为每一位毕业生指导设计。
2.第二次：2009年4月4日上午9：00在中央美术学院毕业生教室，首先由王铁教授介绍整体进度，张月教授、彭军教授、李沙教授分别为每一位毕业生指导设计。
3.第三次：2009年4月25日上午9：00在天津美术学院毕业生教室，首先由彭军教授介绍整体进度，张月教授、王铁教授、李沙教授分别为每一位毕业生指导设计。
4.第四次：2009年5月9日上午9：00在清华大学美术学院毕业生教室，首先由张月教授介绍整体进度，彭军教授、王铁教授、李沙教授分别为每一位毕业生指导设计。

七、三阶段答辩安排

三次答辩完成四校毕业生的初期、中期、最终阶段的课程进度，在规定时间内完成对每一位同学的指导。

第一阶段：启动仪式概念汇报　2009年3月14日　清华大学美术学院　主持人：张月教授
各学校在早8：50到清华大学美术学院阶梯教室集合。
第二阶段：中期汇报　2009年4月11日　天津美术学院　主持人：彭军教授
各学校在早8：50到天津美术学院阶梯教室集合。
第三阶段：最终答辩、评奖　2009年5月24日　主持人：中央美术学院　王铁教授
结题、颁奖　2009年5月25日　主持人：中央美术学院　王铁教授
各学校在早8：50到中央美术学院5号楼学术报告厅集合。

八、课题组成员由青年教师担任

中央美术学院建筑学院	邓　璐　周　爽　课程助教
清华大学美术学院	汪建松　讲师
天津美术学院	高　颖　讲师
北方工业大学	全　进　讲师

各学校可指定青年教师、研究生助教1～2名。

以上人员责任与工作量由负责课题的各校教授安排，随时与毕业生沟通，各校沟

通后把情况与结果向指导教授汇报，提醒按时、遵守四校原则，负责日常学生在毕业设计过程中的各种问题。

九、四校联合课题毕业生名单（共46人）

中央美术学院建筑学院 14人

姚轶群、吴靖、王鲁静、张小雪、王晓珊、薛聪、沈宇、邹小杰、刘玉洁、林淑琼、伍晓雯、万铮、于江涛、刘喜瑞

清华美术学院8人

贾丽丽、杨旋、金宝荣、宋沃根、王可为、来宝欣、刘丹、王治奎

天津美术学院11人

苏明、宋雅春、孙辉、杨立新、黄锋卫、白明川、田帅、杨添榜、陈秋来、洪培林、刘文龙

北方工业大学13人

王啸宇、仲金玲、刘玉敏、彭梅、闫伟峰、杨哲、张静、杨柳、施佳、张坤泉、周洁、鲁阳、周桂林

注：附2009四导师联合指导环境艺术设计方向本科毕业生毕业答辩汇报时间安排。

2009年1月15日北京

中国建筑装饰协会设计委员会

2009 年 4 月 9 日

2009 四导师联合指导环境艺术设计方向本科毕业生

毕业答辩汇报时间安排（附件）

课题组学校： 中央美术学院建筑学院
清华大学美术学院
天津美术学院
北方工业大学

支持单位： 中国建筑装饰协会设计委员会
中国建筑工业出版社

赞助单位： 中山市凯兴达幕墙装饰工程有限公司

地　　点： 中央美术学院5号楼　学术报告厅

时　　间： 2009年5月24日（周日全天答辩）
2009年5月25日（周一上午颁奖）

5 月 24 日（周日）答辩时间安排（中央美术学院 5 号楼　学术报告厅）：

08：59—09：00	四校导师、嘉宾及学生到场（中央美术学院5号楼　学术报告厅）
09：00—09：10	主持人王铁发言 介绍各评委，并宣布中央美术学院建筑学院、清华大学美术学院、天津美术学院、北方工业大学四校四导师毕业设计成果汇报答辩开始。
09：10—12：00	学生答辩开始（每人10分钟） 评委嘉宾提问（每人5分钟）
12：00—13：00	午餐（吉野家盒饭，矿泉水1瓶）
13：00—15：00	学生答辩（每人10分钟）
17：00—17：05	主持人王铁宣布答辩结束
17：05—17：30	各评委针对学生答辩结果评奖
17：30	晚餐（海底捞）

5 月 25 日（周一）颁奖时间安排（中央美术学院 5 号楼　学术报告厅）：

09：00—09：10	主持人：中央美术学院建筑学院 副院长 教授 王铁宣布颁奖仪式开始
09：10—10：00	清华大学美术学院环境艺术设计系副主任　张月教授发表感言
	天津美术学院环境艺术设计系　彭军教授发表感言
	北方工业大学艺术设计系　系主任　李沙教授发表感言
	清华大学美术学院常务副院长　郑曙旸教授讲话
	中央美术学院副院长　谭平教授讲话
	中国建筑装饰协会设计委员会　秘书长　田德昌讲话
	中国建筑工业出版社副总编辑　张惠珍讲话
	中山市凯兴达幕墙装饰工程有限公司董事长　郭建伟讲话
	中央美术学院教务处处长　王晓琳讲话
10：00—10：20	学生代表发言（每人5分钟）：
	中央美术学院建筑学院学生代表　姚轶群发言
	清华大学美术学院学生代表　杨旋发言
	天津美术学院学生代表　白明川发言
	北方工业大学学生代表　闫伟峰发言
10：20—10：40	助教代表发言（每人5分钟）：
	中央美术学院建筑学院助教　周爽发言
	清华大学美术学院助教　汪建松发言
	天津美术学院助教　高颖发言
	北方工业大学助教　孙鲁方发言
10：40—11：10	主持人王铁邀请嘉宾上台颁奖
	佳作奖及证书：全体嘉宾上台颁发
	三等奖及证书（MP3 9 个）：张月、彭军、李沙、邱晓葵、王晓琳、王中颁发
	二等奖及证书（数码照相机 3 个）：田德昌、张惠珍、郭建伟颁发
	一等奖及证书（笔记本电脑 1 台）：郑曙旸教授、谭平教授颁发
	中国建筑装饰协会设计委员会　田德昌秘书长

	中央美术学院教务处处长　王晓琳给指导教师颁发聘书
	王铁、张月、彭军、李沙老师给助教颁发聘书
	中央美术学院建筑学院　邓璐　周爽
	清华大学美术学院　汪建松
	天津美术学院　高颖
	北方工业大学讲师　全进
11：20—11：30	主持人王铁宣布四校四导师课题活动结束
11：30	中央美术学院东门（正门）拍照合影
	前排同学手拿横幅（李鹜、刘岳拍照）

2009年1月6日在清华大学美术学院环境艺术设计系，中央美术学院建筑学院王铁教授、清华大学美术学院环艺系张月副主任、天津美术学院设计艺术学院彭军教授、北方工业大学艺术设计系李沙教授与中国建筑工业出版社李东禧主任商谈出版四校四导师毕业作品相关事宜。

2009年四校四导师环境艺术设计方向联合教学导师组

组长：王铁　教授
中央美术学院建筑学院副院长

副组长：张月　教授
清华大学美术学院环境艺术设计系副主任

副组长：彭军　教授
天津美术学院设计艺术学院副院长

秘书长：李沙　教授
北方工业大学艺术设计系主任

2009年四校四导师环境艺术设计方向联合教学导师组助教

高颖

汪建松

张杞峰

南振宇

邓璐

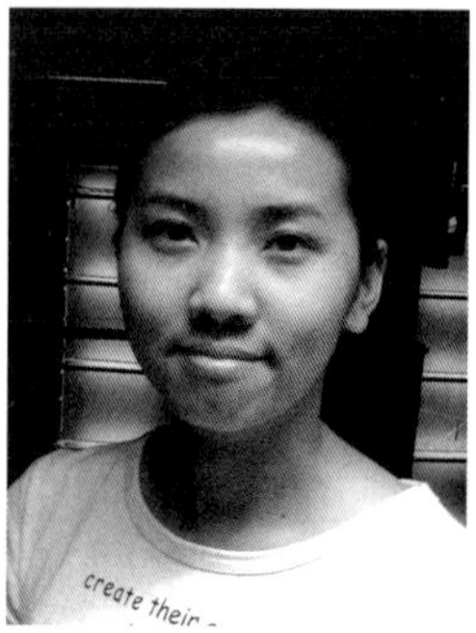
周爽

纪小静

孙鲁芳

壁垒去掉后的价值

四校四导师联合指导毕业设计今天终于有了圆满的成果，我感到非常高兴，其核心价值在于打破了学院之间的壁垒。因为院校多年以来形成了一个固定的格式，好像每个院校都不相同，作为本科毕业设计能够联合形成导师组，在若干年以前是不敢想象的。而且这样的教学模式在我们环境艺术设计专业实行具有很强的时代意义的突破，我认为我们设计的未来关键就在于设计教育，而设计教育的提高关键就在于要打破原有那样一个狭小的圈子，认真体会壁垒去掉后的价值。

在本科毕业设计的时候能赶上这样联合教学模式是非常幸运的，不夸张地说，这样的模式与活动开创了中国设计教育的一个新型模式，这种模式值得我们去推广。当然在今后的推广中会有这样、那样的一些问题，但是我认为这些都是在前进中能够克服的，它们前景还是非常美好的，希望老师、学生把这次的成功作为我们一生宝贵的经验和资源。

郑曙旸　教授
清华大学美术学院
2009 年 6 月 2 日

面对不同的思考

看了学生作品，直觉上感到我们学生作品的力量与智慧，同时带动了老师对于毕业设计指导的激情。这些作品和以往的环境艺术设计本科毕业生作品有很大的不同。因为它来源于四校四导师的不懈努力。这种专业指导方式，无论对于专业教学本身还是对于其他专业都是一个非常好的尝试。

对于学生们来说，面对不同学校的老师，每一位学生都会有着不同的思考，这是最根本的值得。不同学校教师共同指导每一位学生对于高等教育环境艺术设计方向的教学方式提出了一个新的问题，与此同时也提出了一个新的挑战。

打破以往的模式，科学而有成效地探索新教学模式是高校评估后新的课题，这样一个新的指导方式，不仅仅是对老师提出挑战，对学生们同样是挑战，也对中国的设计教育提出了一个挑战。我希望这样一个教学模式能够从偶然变成一个必然。

谭平　教授
中央美术学院
2009 年 6 月 1 日

更贴合社会　贴合实际

中国建筑装饰协会设计委员会在院校环境艺术设计教育中是大团队当中的一员。我很荣幸地看到四校四导师联合指导毕业设计活动能够在大家的努力下取得初步成果。

本次活动我始终作为一名参与者在向每一位导师学习，并得到了非常大的收获。从四校环境艺术设计毕业学生中可以看到最有未来的中国建筑装饰业美好的明天。

这次活动之所以能够这么成功，离不开四校导师、助教的努力，更离不开四校领导的支持，所取得的成就将会对中国高等教育环境艺术设计方向教学起到一定的促进作用。希望把活动办下去，做好，做大。希望更多的院校和企业都能参与到这样的新模式当中来，扩大活动面，让活动更具有活力和优势，更贴合社会，贴合实际，贴合科学发展观，贴合市场。

田德昌　主任
中国建筑装饰协会设计委员会
2009 年 5 月 30 日

关于“四校联合课题教学”的点滴思考

当我获悉中央美院、清华美院、天津美院、北方工业大学四校联合进行环境艺术毕业设计课题教学活动非常高兴，并亲自参加了这次课题教学的启动仪式和结题仪式，以示建工社对这项具有创新意义的教学活动大力支持。

众所周知，中国的教育事业，特别是中国的环境艺术设计教育经历了起步、扩展、稳步发展等不同阶段。直到今天，中国的环境艺术内涵和外延不同程度都得到了提升和扩展。环境艺术这门综合性学科越来越受到社会重视和人们的喜爱。许多院校就中国环境艺术设计专业教学内容、课题设置、模式、体系建设等诸多方面进行潜心研究和探索，并取得了不小的成果。可以说，中国的艺术设计教育每迈出一步、每取得一份成绩都凝聚着一大批专家、教授、学科带头人们那种执着的探索和创新精神；凝聚着一支有思想、有造诣、实力强的教育队伍为振兴和发展中国的艺术设计教育所作出的巨大贡献！

今天，四校联合实施的环境艺术毕业设计课题教学模式是当今环境艺术设计专业教学思路的创新。这种教学模式有利于院校之间的紧密合作，更有利于不同院校师生间广泛且深度地沟通与交流，从而达到相互学习、相互启发、激发灵感、共同提高的目的。通过联合课题教学，能进一步增强师生们的团队意识、合作意识，增进院校间的友谊，有效开发、利用和整合教学资源，是一次很有意义的教学模式的尝试。

中国的改革开放、经济建设的快速发展为我们环境艺术设计学科创造了广阔的发展空间和难得的实践机遇。我们应当抓住机遇，学习、研究和借鉴国外的教学经验和办学理念；结合我国的实情、教育现状，不断总结、更新、完善当今的教学模式，创立更全面且完整的教学思想，真正培养一批批环境艺术设计专业人才，推动中国环艺设计学科和艺术设计教育事业健康、可持续发展。

我们出版《四校四导师实验教学联合指导环境艺术毕业设计》一书的目的是真实记录这次教学活动全过程，让更多院校、师生们原汁原味地了解、分享四校联合课题教学过程中师生们的愉悦、感悟、智慧、活力，以及教学思考、方式方法，还有最终的经验和成果。这是一部趣味性、可读性较强的，对于相关专业师生有所裨益的好书。

张惠珍　副总编辑、编审
中国建筑工业出版社
2009 年 5 月 25 日

不是偶发的偶发

环境艺术设计方向毕业课程教学第一步

2008 年 9 月新学期按照校历和季节自然地开始了。放在桌面的名单上写着 14 名毕业生，他们在校的最后一年将同我一起度过，望着写有学号的名字，我沉思了许久。然后拿起电话与清华大学美术学院环境艺术设计系副主任张月教授沟通了想法，他非常认同并约定面谈。就这样一个偶发的想法，一个大胆的尝试开始了。

为了使这个计划更加完善，2009 年 1 月 3 日在天津美术学院我与张月教授、彭军教授召开了第一次共同联合指导毕业生协调会，共同商榷决定成立 2009 年三校环境艺术设计方向毕业设计指导组，确定了方针和原则。2009 年 1 月 10 日北方工业大学环境艺术设计方向李沙教授向张月教授请援，经多方考虑把课题指导组扩大到四校。四校四位导师的学生合计 43 人，为保证教学质量和师生比，增加了教学助手。并报请中国建筑装饰协会设计委员会、中国建筑工业出版社，邀请了香港毅达建筑科技董事长郭建伟提供设定优才计划奖，让参加联合指导的四校学生真正作一次联合。全部策划书面材料形成后，分别同清华大学美术学院副院长郑曙旸教授、中央美术学院副院长谭平教授商讨，得到了他们的支持，后又与中央美术学院教务处长王晓琳沟通获得了肯定，到此中国建筑装饰协会以正式文件下发到有关单位。

2009 年 3 月 14 日上午 8:50 在清华大学美术学院阶梯教室举行清华大学美术学院师生、中央美术学院建筑学院师生、天津美术学院师生、北方工业大学师生四校四导师环境艺术设计方向本科毕业生教学研究与探讨，清华大学美术学院郑曙旸教授、中国建筑装饰协会田德昌主任、中国建筑工业出版社张惠珍副总编辑、清华大学美术学院苏丹教授分别祝词支持，全体联合课题师生在信心十足的气氛中完成了启动仪式。上午 9:30 进入学生选题概念汇报阶段，导师组现场共同指导完成了联合教学的开题。3 月 28 日导师组在天津美术学院毕业班教室完成了对参加课题学生的一对一第一站辅导。

2009 年 4 月 11 日在天津美术学院小礼堂完成了四校四导师共同课题毕业学生中期汇报的第二阶段，3 月 28 日完成了北方工业大学课题组学生的指导的第一站。4 月 4 日课题组导师在中央美术学院建筑学院顺利完成了对中央美术学院景观专业毕业生的一对一联合指导。4 月 25 日联合导师组完成了对天津美术学院课题组学生分别的面对面指导的第三站。5 月 9 日在清华大学美术学院毕业生教室完成了巡回指导的第四站。5 月 21 日上午 8:50，四校师生共聚中央美术学院 5 号楼学术报告厅完成了最终答辩和评奖。5 月 22 日举行了颁奖活动，仪式上郑曙旸教授、谭平教授、田德昌主任、王晓琳教务处长、郭建伟董事长、邱晓葵教授以及教师代表、学生代表分别发表了感言，称赞四校四导师的校际学术活动，拉开了学校之间的大门，使直接面对面的接触式交流方式得以实现。

四校四导师努力探索环境艺术设计毕业教学只是迈出了第一步，我们的努力会给兄弟院校相关学科提供些有价值的参考，因为这是时代的要求。

王铁　教授
中央美术学院建筑学院
2009 年 6 月 5 日

四校毕业设计交流活动随记

这篇文章并不是一个深思熟虑的结果，本想好好回忆总结一下，但总是被各种事物缠绕，只好用活动过程中的一些随场笔记凑数。活动的过程中有很多的感触和思想的碰撞产生了很多的想法，不管这些想法最终是否成立。单是碰撞过程的本身就很吸引人。所以收获肯定是有的，最大的收获是学生和导师的投入与热情。

评价体系对教学方向产生重要的影响。对一件事情的评价体系决定事情的最终结果，这可能不是什么新的观点，但是在很多的现实事物中，人们却往往忽略了这个规律。结果是建立了某种评价体系所产生的结果与其建立的初衷出现差异。这次的由中央美术学院、清华大学美术学院、天津美术学院、北方工业大学联合组织的四校环境艺术毕业设计交流活动，从一开始就显现出这种明显的不同所带来的学生毕业设计课题操作方向上的差别。

在开题的操作方式上明显地呈现出两种不同的模式。

其一是以中央美术学院、天津美术学院为代表。学生的特征是以毕业设计为中心，开题阶段的工作主要是设计项目的确定及对设计项目相关的背景资料的调研与收集，学生介绍的内容主要是设计课题的基础资料、相关调研及自己对课题的分析。通过开题阶段的准备工作确定了未来设计课题的概念与总体走向。

其二是以清华大学美术学院、北方工业大学为代表。其特征是以论文研究为主，开题阶段的工作主要是根据预定的设计项目课题，经过广泛的文献检索与调研，确定毕业论文的研究题目，毕业设计课题相当于论文研究的案例或应用实例。学生介绍的主要是与论文研究课题相关的背景资料，研究的目的、意义及计划，还有相关的文献检索情况。通过开题阶段确定了论文的研究方向。

出现这样的结果是在意料之中的，我对各院校在毕业设计的教学过程可能出现比较大的差异性是有预见的，其实这也是我们发起这样的交流活动的本意，就是要在不同的差异中去发现、比较，才能不断地通过吸收、放弃自己或别人的一些教学理念、方法，调整出适合自己的教育目标的教学体系。

尽管如此，这样的结果还是令我意外，令我意外的倒不是各个学校之间的差异，而是通过比较发现我们自己的努力目标与结果之间的不吻合。不论是教育部、大学这几年的教学理念，还是我们自己对艺术设计学科的教学培养目标的认知，都是强调实践能力的培养。因此在艺术设计专业本科毕业设计课程的教学目标中，也是强调“以毕业设计为核心、论文为辅”的指导思想。可是通过这次的交流发现还是没有扭转。

“以毕业设计为核心、论文为辅”这种指导思想的出现其实也是最近几年的事。其原因也是缘于教学评价指标与管理体系的变化产生了一些问题。

在我们传统的毕业设计教学中（可以追溯到中央工艺美术学院），毕业设计课程要求对毕业论文与毕业设计的关系基本上是持各自为政的态度。毕业设计与毕业论文可以没有必要的联系性。在这种评价标准下，毕业设计与毕业论文基本是独立的两件事情。对两者的评价也没有侧重，其实这也符合当时的教学目标——培养设计实践能力与理论研究能力兼备的人才。

当我们随着院校调整由原来的独立美术学院变成为在综合性的理工科大学中的二级学院后，在教学评价体系及具体的指标上都要符合大学的总体要求，情况渐渐地发生了一些变化。由于理工类学科的专业特点决定，毕业设计的课题成果体现主要是以论文的形式，所以对毕业设计课程的很多具体要求都是对应这种学科特点的。比如:对各种文献及理论工作的定性定量的教学要求；强调以论文为核心的评价体系——对论文进程的各个阶段都有详细的对应要求和考评。而操作实践的环节（在我们艺术设计学科即为毕业设计）则成了论文的实验手段，成为附庸。这种评价体系已经产生了弱化设计实践的后果。这一问题已经引起了我们很多人的争议。很多人认为艺术类专业本科毕业设计课程应该以设计实践为主。因此在美术学院的教学指导方向上，这两年也是不断地强调毕业设计课程以设计实践为主。论文只是一个附加的训练。即“以毕业设计为核心、论文为辅”。

但是尽管主观上强调这样的一种宗旨，实际上的结果却常常事与愿违。仔细地分析其原因，是因为在现有的毕业设计课程教学中对论文的教学要求及评价体系十分的清晰、明确、完整（因为大学的评价体系如此），而对毕业设计的教学要求则相对模糊，没有明确具体的要求。造成学生对要求明确、对最终成绩有影响的部分更用心，而对相对模糊的部分则比较忽视。这里就可以看出几个问题。

1. 学校的类型对教学的影响

这次交流产生的两种不同的类型不是偶然的，恰恰是清华美术学院与北方工业大学都属于理工类的综合大学，在教学要求和评价指标上都有很强的理工类特点，都是对课题的选定注重论文的研究。这一特点决定了其课题的教学方向偏重于论文的特点。

2. 教学要求、评价指标对教学的影响

即使是教学目标有明确的要求，但如果没有与之相符合配套评价和管理方法，也还是会出现事与愿违的问题，尽管我们已经意识到教学结果不符合我们的目标，也在主观上试图扭转这种情况，但由于在具体的教学管理和评价体系中没有相对应的措施调整（没有对理工类的评价体系进行有针对性的调整修订），造成学生还是会随着原有的评价体系的导向进行自己的毕业设计课程，偏离教学目标。

我不想评价这两个类型学校两种方式的优劣，因为教学的培养目标可以有不同。但是预期的教学目标应该与结果是相吻合的。这其中具体教学指标与评价起了很大的作用，所以应该重视教学细节的研究。

另外，还想发表一些感想。

1. 关于课题

中央美院、天津美院的学生前期的调研资料很丰富。主要体现了两个方面，一是与设计课题相关现场的资料收集非常丰富，有照片、文字等。设计前期的资料调查是设计的基本前提，这应该是每个学习设计的学生应该掌握的基本功，而我们的学生现在很多是从网上而非现场的资料收集，这一点必须强调。二是课题的选定结合了很多的现实社会问题，如环境问题、经济发展问题，很多都是结合自身的家乡真实课题。

2. 关于各个阶段的内容安排

天津美术学院的毕业设计阶段先进行毕业设计，等展览结束后再进行论文的完成及答辩工作，将学生的精力集中在某个阶段，不致分散精力。

3. 关于具体要求细节

教学目标与过程方法是相关的。教学过程的一系列具体的细节及要求，都是围绕着教学目标的。因此确立培养目标后，一定要有相关的具体细节来保证。教学过程中强调的内容的不同在最后学生的成果中还是有非常明显的表现（对学生还是要明确要求、严格要求）。

4. 各校的优点

中央美术学院的前期调研充分、设计思考与表现专业化。北方工业大学对各个环节的要求明确、细致。天津美院紧密结合社会实际，具有很强的设计表现制作能力。

中央美院：设计表达及形式感很好，设计观念紧跟时代，基本概念的思考与分析比较好，设计的形式感很强。但设计普遍缺少建造意识，对功能、结构、建造方法忽略得太多。好看，但实现起来会产生很多的问题。

北方工业大学：艺术气息多一些，设计与表现、设计观念与眼界有待提高。

天津美术学院：设计基本功很好，学生热情与积极性很高，工作量很大。能较好地结合社会实际，对调研与前期分析投入很多。但普遍来说设计观念有进一步提高的必要。

清华美术学院：学生基本设计技巧扎实，但投入的程度需加强。

这次的交流体现了一个突出的特点是观点的多样化，这种多样化是由于教师、学校的不同教学理念所造成的，其实这应该是艺术设计类的设计教学特点，让学生从不同的角度来思考问题，我想这也是多校联合教学的特色及魅力所在。

设计不是空中楼阁，设计中的所有思考都是对现实生活中存在问题的思考，它是植根于每日生活的事，所以学习设计的人必须关注生活。而对待生活的态度也就是对待设计的态度。从一开始的学习到以后的工作都应该有一种态度，而不仅仅是纯粹的技术问题的解决。设计是有态度的，有价值判断的。这个问题是不可回避的。

5. 关于表现

对于表述的专业化问题，现在的学生设计表现有很多做得过于眼花缭乱，掺杂了过多的非专业表述语言，不像是设计师，倒像是演艺与媒体发布，加入了很多过于花俏、娱乐的东西，虽然很热闹，但是我们要的是什么？热情很重要，但是还需要科学性。更专业的表述与表达才是我们专业素质培养的目标，不要把热闹、好看与专业精神等同起来。对于专业教育这是一个导向性的问题。

拉拉杂杂说这么多，没有头绪，有些话自己也觉得有些过分，但是这是当时真实的感觉，我们这次活动的最大亮点就是原生态的过程体验，所以我也想把这种原生态的状态保持在里面。如有冒昧请谅解。

张月　教授
清华大学美术学院环境艺术设计系
2009 年 5 月

灿烂的明天

四校四导师环艺专业方向毕业设计教学交流课程感言

在生机盎然的初夏时节，“四校四导师环艺专业方向毕业设计教学交流活动”结题汇报、评审活动暨颁奖仪式于5月21日在中央美术学院建筑学院如期举行，参加此次交流课程的学生们的毕业设计作品在各个方面的朋友们的帮助下汇集成册展现在了您的面前。多彩的小书如芬芳的蓓蕾，虽尚显稚嫩，但展示了学生们在历时半年的专业研习的心路历程和有志于环境艺术事业的俊才们的聪睿才智，也显现出园丁们所付出的辛勤汗水。

目前各院校的环境艺术教育对课程体系与内容不断地进行优化，且各具侧重。有的院校突出专业设置对培养学生既具有宽口径的专业技能，又有较强的专业基础的特点；有的突出专业教学突出应用性，与对学生实践能力的培养，强调实践教学与真实项目的结合；有的院校培养学生主动的、探索性学习的意识， 注重培养学生团队协作精神和与人、社会沟通的专业能力。

传统的一统式专业教学模式已经不符合现代艺术设计教育的规律，只有在多元理念的撞击下才能产生新的火花。

在这样的大背景下，各院校环境艺术设计专业积极探索，经过多年的发展已形成了多种条件下的各具特点的教学模式，而毕业设计创作教学环节更是这些特点的综合反映。

以往在这个环节的教学中，虽然通过各种方式，各院校间展开广泛的沟通，但大都只是信息上的交流，且多重结果展示，缺乏创作过程的交流。作为教学计划的实施者，作为环境艺术设计人才培养的主导者，我们有责任探索旨在激活毕业生的大学期间所学习到的专业基础知识与专业设计能力，使设计作品充分反映每一个学生的真实能力的毕业设计辅导崭新模式。

“四校四导师环艺专业方向毕业设计教学交流课程”采用导师合作交叉指导各自负责的学生完成毕业设计方式，能够使学生们从多方向得到教师的指导、学生间相互交流，感受不同院校的文化和专业理念，让四个院校相互之间都能有一个更广泛而深入的、多方面的交流。

通过交流我们欣喜地看到四院校毕业设计创作所取得的教学成果。有侧重于设计项目的调研、机构的访问、方案可行性论证、思考分析的严谨性、方案的表达与传达方面的努力；有侧重于深入实地考察，在设计过程中关注社会、历史文脉与地域人文沿革所表现出的将设计创意与科学理念之间的有机相溶的努力；有侧重于设计概念的形成，以创造性思维尽显设计观念的鲜明与充实方面的努力。通过此次深入交流达到各自优势的融合互补，寻求正确发展教学思路的目的。

在艺术设计随着时代的发展而日新月异的今天，我们在探讨环境艺术设计本科毕业设计课题新思路的道路上，迈出的每一步，既是前阶段的总结，又是下一阶段的开拓，并肩探求于此的导师们面对渴求知识的学生们更觉要承担起应尽的责任，深化教学研究，培养更多、更好、更高水平的环境艺术设计人才。

天道酬勤。共同参与此次“四校四导师环艺专业方向毕业设计教学交流活动”的同学们，半年来的日夜勤奋，换来满载收获的喜悦。你们即将走向新的生活，衷心地祝愿你们，用智慧、才情、胆略和毅力携手并进，用你们的聪明才智和青春活力去打拼属于你们的新天地！去拥抱属于你们的灿烂明天……

彭军　教授
天津美术学院
2009年5月28日

过程比结果更具意义

普通高校中环境艺术专业的教学训练内容基本是相同的，然而，就具体学校而言，其背景大不相同，本次实验性教学交流的参与院校中，既有艺术类院校，也有综合类院校。学生在各自不同背景院校中的学习过程，自然会反映到毕业设计上来。专业艺术类院校的环艺专业学生，长期沉浸在浓厚的艺术氛围之中，耳濡目染设计大师风范，更有机会汲取姊妹艺术的营养，自然有助于加速提高其设计艺术水平。而综合类院校的环艺专业学生，处于理工科的大环境下，可快捷地吸收结构、材料、设备等与环艺设计相关的基础知识，能更快地融入设计实践，给未来的就业增添优势。同时，却少了那些必须的艺术熏陶。

基于不同背景院校的环境艺术设计专业的不同特色而进行毕业设计全过程的交流，颇有积极实践意义。学生们可接受来自不同高校的教授一对一指导，有利于学生开拓设计思路，激发设计灵感。或许这种方式的指导过程可能是以往三年多的大学生涯中从未经历过的。正是拥有了与一流指导教师面对面交流的珍贵机会，可以将原本狭窄的视觉、闭塞的思路迅速打开。这在将来他们走向社会后，也是一笔珍贵的财富，使之受益匪浅。因此，我们所付出的时间和精力，所构筑大的交流平台确实具有现实意义。期待着此举对中国高校环境艺术设计专业教学改革起到积极的示范作用。

大学生的入学水平和入学前的经历，自然对其在校学习效果产生影响。如果先天不足，缺乏对艺术美的敏感，教师的付出确收效甚微。然而，作为毕业设计的指导教师，有责任尽自己的全部努力去带好每位学生，这其中也包括基础较差的学生。因此，必须激励与鞭策那些相对先天不足的“丑小鸭”奋起努力，笨鸟先飞，以数量换质量，从难从严，以勤补拙，从而逐渐拉近他们与优秀学生的距离。而原以为自己迈进了名牌大学的天之骄子却因不思进取，不愿付出，只能望洋兴叹罢了。

自 2009 春季学期开始，我们对四校参与者的毕业设计的全过程进行了全程指导。无论是开题答辩还是中期检查，直到毕业设计答辩，均予以充分辅导。其中既包括概念的创意，也包括基本设计原理的运用和设计表达等诸多环节，虽然涉及毕业生的范围较窄，但其示范效应却不容忽视。尤其在设计过程中，不断被修正与完善的方案，最终结果必然乐观。所以，对于过程的指导和把握，远比对最终作品的评判更具有实际意义。此次四校联合毕业设计指导所带来的积极示范意义还远不止于此。

李沙　教授
北方工业大学
2009 年 6 月 2 日

探索艺术设计教育规律　扩宽人才培养道路

四校四导师联合指导环境艺术设计方向毕业答辩和颁奖典礼在中央美术学院举行，这是一次历史性的尝试。对于培养学生、选拔学生、课程设置、学术标准等方面都是突破性的实验。这个新生事物在国内尚属首次，给发展中面临的瓶颈问题和思想上面临的困惑，以及制度方面的制约带了个好头，成果可以肯定，我们深知迈出是需要承受作为代价的。

教育的各种尝试必须是以保证学术质量为前提，有了良好的措施和做法，实践的成果就成为最好的验证。通过四校四导师的交流，不同类型的院校之间好的经验共同分享，对于院校面临的共性困惑都会有明释。根据研究学科的特点和专业人才成长特点进行教学及课程设置，为环境艺术设计方向走向学科设置提供了良好的基础空间，这就是四校四导师联合指导环境艺术设计方向本科毕业生实验交流产生的当下意义。

国家高校第一轮的教学评估 2007 年已经结束了，其影响是深远的，各院校正在把努力探索新的教学模式放在首位，在面对到来的百花齐放的实践与探索中，高等教育环境艺术设计方向将迎来历史性的机遇，梳理教与学是时下值得研究的趋势。

基础教学是高等教育环境艺术设计方向教学质量能否走向更高、更优质成果的主线。四校四导师用他们的努力回答了新模式所带来的可喜成果。让高等教育环境艺术设计教学成为有价值的关注点。

四校四导师实践教学模式闪亮在教学前沿，搭建的平台让业界看到了新教学模式的初步成果和未来的发展。教学共享平台使学生享受到了四所学校丰富的教学资源，增进了参与教师、学生在多层面上的深入交流，为学生迈向社会留下了最为珍贵的基础知识。

四校四导师环境艺术设计联合指导教学成功的案例成为院校多点交流真正果实，感谢他们为之而付出的努力而成为教学管理不可缺少的元素，他们的辛苦和执着在我内心已产生了敬谢，希望这个模式能够推广到更多的院校，成为一种创新教学研究的良好开端。

王晓琳　处长
中央美术学院教务处
2009 年 5 月 30 日

环境艺术设计教学（毕业设计）的感想

环境艺术设计学科自创立以来得到了全国多所高等院校的响应，多年来已经培养出了大量的本专业的毕业生，但教学成果和教学水平却良莠不齐。各高校对环境艺术设计的理解和教学侧重均有所不同，从专业内容上有的偏重景观环境设计，有的偏重室内环境设计，还有的兼顾两方面内容进行全方位的培养。从培养定位上根据各校不同的人文背景、现有的师资情况、学生素质条件、毕业生的就业取向的差别，在培养目标上也存在着一定的距离，有的是小规模的培养精英人才；有的是大批的培养市场需要的职业设计师；有的培养艺术家素质的设计师；有的培养在工程技术方面学有所长的工程师，但无论如何从专业的认识和好作品的标准方面各高校均能取得一致。

此次毕业设计教学的尝试体现出的是强强联手、相互促进、取长补短、教师共享、企业资助的特征，最大的受益者是学生。通过这种方式学生之间在专业上会有所促进，能够相互借鉴共同提高。这也是对传统毕业设计教学模式的一种突破，从过去只是最终结果的信息交流（如每年的中国环境艺术设计学年奖的评审）转变为对毕业创作从初期选题到终期答辩整个资源的共享，并可以得到多个导师的指导，且能够及时得到修正和完善。

在今年的四校毕业设计作品上可以看到各校的教学还是存在明显的差异，有的偏重于概念的设计；有的偏重于实用层面的考虑；从设计成果的特色上看，有的院校前期的调研充分（如清华大学美术学院）；有的讲求设计中的过程完整（如中央美术学院）；有的后期表达能力十分突出（如天津美术学院）。以上的几点如果能够使每一位学生了解和掌握，无疑对环境艺术设计人才的质量提升起到很好的作用。

不过从学生的作品上还是能反映出一些现象和问题，有些是普遍存在的，如忽视工程造价的问题和设计审美品位低下的问题，这虽然在毕业设计要求中不直接显现，但却是作为一名环境艺术设计师应具备的专业素质。如一些学生对抽象语言的表达十分生硬，从具象到抽象的转换没有升华反而十分的庸俗。另外，一些设计概念及创意虽然独特，但在概念的运用方面及最终的成果上却令人失望，这反映出学生专业设计的基本功还有待提高。

建议今后的选题尽量统一，除了由于专业的不同外（如景观和室内），这样可以更有利于学校之间相互参照和学习，若在学生能力程度不同的情况下，也可在同一题目下选取不同的设计范围从而避免带给学生巨大的创作压力。另外建议在毕业设计之前的准备环节安排一些导师讲座，如对往届优秀学生作业的介绍、专业基础知识和设计成果表达等，这样可以使学生对兄弟院校的学习情况和教学特色有所了解，并对学生最终毕业成果的表述及专业的提高大有益处，能对毕业设计整体教学起到一些铺垫作用，这不会占用太多的教学时间，但对于学生毕业设计作品质量的提升会十分有益。

未来的环境艺术设计事业的开拓、创造与学术发展寄望于环境艺术设计教育的发展。当下国内环境艺术设计教育普遍最薄弱的是实践环节与对本专业管理上的不足：一方面，学生们走出校门时缺乏对实际情况的了解，而现实中大多数的设计作品是由设计人、业主、施工方三者之间的相互配合而完成的，因而我们在教学中不能脱离实际，要经常到工地和现场去，重视培养学生综合解决复杂多重问题的能力；而另一方面，今后我们要在教学中加强专业理论和正规化教育，培养工作方法，强调条理性的训练，改进我国现今环境艺术设计专业缺乏自我管理的教育机制，以形成良性的循环。

其次，我国在经历了30年经济的快速发展阶段后，暴露出对文化的饥渴要求，今天在艺术这一高级层面的期待上已经越来越不能满足社会了。对于环境艺术设计而言，在艺术性、审美等体验方面的欠缺愈益明显显露出来，因而，我们的专业教学必须发挥美术院校的优势，以建立在美术院校背景下的基础、技术、艺术和理论的专业教学结构，并强调对现实的体验和直觉的感知，在创作中充分体现复杂的人文需要与艺术的综合能力。

邱晓葵　教授
中央美术学院建筑学院
2009年6月4日

四导师环境艺术设计毕业生毕业答辩感想

这次参加四校四导师毕业设计联合指导活动，我深感中央美术学院、清华大学美术学院、天津美术学院、北方工业大学共同推出的此项举措意义十分深远，不仅打破了院校间的隔墙，加强了学校之间的交流，为导师与学生、学生与学生提供了一个充分交流的平台，而且为高校与企业合力打造知识与实践并存实用型人才开辟了一条新路。

通过此次活动，四校导师对设计作品的横向纵向比较，从中可以看到四校的教学特点以及对学生不同的培养模式，学校、导师、学生的思想、教学方法和设计风格都彰显了各校特长，不同院校、不同文化的差异性得到充分体现，有利于四高校教学模式的交流及资源的互补与共享。

通过此次活动，学生与学生之间也得到了广泛而深入的交流。学生在这个平台上，有机会展示自己大学期间所学习到的专业基础知识与专业设计能力，同时还能看到不同高校其他同学的实力和长处，从中找到自己的不足，从而得到提升。

从这次比赛作品的质量可以看到学生们都很认真地投入，花费了很多时间、精力进行了大量调研，出现了许多新思维、新创意的作品。其中美中不足的是许多作品虽然很有创意，但实用性不强，实践技能还有待进一步提高。其次，作为设计人员，其作品一定要融入情感，要关注当地的人文文化。只有投入自己的真情实感，才能设计出优秀的作品。如果没有投入情感，其作品只能是摆设，是一堆堆砌物，无法让人感动。

此次毅达建筑科技（中山）有限公司作为第一届且是业界唯一一家企业参与此次活动，并推动四校四导师联合指导学生毕业设计大奖赛，同时设立了“凯兴达新人奖”，以这种方式参与高校人才培养方向的探索，让高校了解了企业需要的人才的特点，有利于高校调整教学思路，朝着实用性方向，培养出更适用于社会需求的人才。我公司一直有这个观点：“学校要越来越像企业，企业要越来越像学校”。学校培养学生要从社会的需求性考虑，从学生成长及未来发展的方向考虑，调整教学模式，把学生当成产品，要考查学生在社会上的实用性、成长性及创新性。我们一贯非常注重人才的培养，通过各种渠道不断输入优秀毕业生，并着力打造学习型团队，使员工在实践的基础上不断提高专业知识水平，而新进员工则通过我公司这个平台将自己的理论知识更好地运用到实践中来，不断提高实践技能，从而提升了员工的整体素质。

我们一直很关注与高校的合作，也一直在探索企业与高校战略合作的方式，对高校培养人才的实用性、实践性十分支持。此次旨在通过参与这次活动，加强与高校的合作，改善人才培养模式，共同培养出更多、更优秀、更适合社会需求的实践性人才。

郭建伟　董事长
中山市凯兴达幕墙装饰工程有限公司
2009 年 6 月 5 日

“四校四导师毕业设计教学交流活动”感言

又是一个生机盎然的初夏，又是一个收获的季节，我们迎来了2009届环境艺术设计专业毕业设计作品展。年年如此，而此届不同！

在2008年底由中央美术学院建筑学院王铁、天津美术学院彭军、清华大学美术学院张月、北方工业大学李沙四位教授共同热议下，决定共同探讨环境艺术设计本科毕业设计课题新思路，通过交叉指导学生完成毕业设计的方式，力图加强毕业设计创作中间过程的交流。经过3次集中交流、4次导师巡回指导，于5月21日中央美术学院建筑学院“四校四导师环艺专业方向毕业设计教学交流活动”终期结题汇报交流如期举行。设计作品亦如芬芳的蓓蕾，展现在大家的面前。

有幸作为课题组成员，经历了此次毕业设计辅导崭新模式探索的整个过程，经历了这个与四导师激情碰撞的过程，这个充满发现与感受的过程。

设计作品涵盖范围广泛，有结合自身的成长经历将选题面向新农村建设居住环境的现代化规划；有挖掘地域的、民族的传统风格特征语汇在现代环境艺术设计中的运用；有以全新的设计思维对建筑内外环境概念创意性设计；有对现代城市开发建设中对历史遗存的尊重与生态保护在规划科学性方面的探索；有遵循“以人为本”的理念，去通过环境设计解决人们生活中的实际问题……体现了学生对社会的关注、对历史文脉的关注，通过深入实地考察、严谨的分析，将感性印迹与理性思维、设计创意与科学理念有机融合，体现出学生知识向多元化发展。

在此次具有开创性的交流活动中，各院校均体现出各自鲜明的特点，且差异明显。在选题的研究性，项目的调研、机构的访问、现场的体察，问题的分析，设计概念的形成，设计的创造性、艺术性、科学性、可实施性，外在形式与内在结构的逻辑关系，对设计的理解，效果的表达等诸多方面各有侧重，带有各自的烙印，而这正是能够在交流中碰撞出火花的源泉，发现差异、感悟差异有利于将艺术设计学科与建筑学科各自优势融合互补，寻求正确的教学发展思路。

再次祝愿2009届的青年才俊们用你们在此次活动中表现出来的创意素质与自信，用你们的聪明才智和青春活力，乐观从容地走进今后的设计道路，打拼属于你们的新天地！

高颖　副教授
天津美术学院
2009年5月28日

四校联合毕业设计感言

作为中央美术学院第五工作室王铁教授的研究生很荣幸地参与了“2009 四校四导师环艺专业毕业设计教学交流”这一学术活动。此次交流使我感触很深，无论是四校导师的教学风采还是四校学生的勤奋刻苦都曾不止一次的感动着我。如何为人师表，如何做好学生，是我通过这次活动所想的问题。

首先从四位导师谈起，王铁导师是四位导师中我最为熟悉的，作为王老师的学生我几乎每天都跟在他的身边。王老师课下谈吐诙谐幽默、性情豪爽，常常同学生打成一片，既为师又为父，实属不易。但课上教学严谨，对学生所提的专业问题耐心教导，直指问题实质，“严师出高徒”这句话在本次教学交流中想必大家都有所体会。为了这次活动王老师倾注很大的精力，从策划到实施凡事无不身体力行，我们私下常说王老师就像一个超人，同时大家也都为他的身体担心。我想“休息”一词在王老师的字典里恐怕很难查找，正是这样忘我的工作才使我们的导师赢得了大家的尊重与事业的成功。一句话，要向王老师学的方面太多。

接下来，再谈谈其余三位导师，清华大学美术学院的张月导师是在这三位导师中我比较熟悉的，见张月老师的第一面是给人和蔼可亲的印象。做事条理分明、注重细节，分析问题很有见地，颇具儒雅风范，通过这次活动使我进一步加深了对张月老师的了解，同时也认识到了张老师时常提起对本专业以外知识学习的重要性。天津美术学院的彭军导师面色黝黑，平时操着一口标准的天津话给人以朴实亲切的感觉。经过这次交流，在天津美术学院的学生身上看到了彭军老师的治学态度，天津美术学院的学生基本功扎实，做事诚恳认真，想来这就是言传身教的含义。北方工业大学的李沙导师是几位导师中最具亲和力的一位，每次看李沙老师指导学生就能感觉到那是一种亲情与友情的交流，这种场景让我感受到教师与学生之间不仅仅是教与学的关系，其实在某些方面有比传授知识本身更为重要的东西。

能够有以上四位国内最为优秀的导师同时对一次毕业设计进行如此细心、负责任的指导，我想这应是每一位 2009 年环艺毕业生所梦寐以求的事情。通过四校毕业设计的最终成果如实地反映出学生对这一交流活动的兴趣与渴望，确实激发了学生的创作欲望。如何做好一名学生是我在此次活动中的另一方面收获，在本次活动中各校学生的求知欲望深深打动了我，如果没有各位导师共同创建的这个平台我想绝不会有如此高水平的毕业设计作品产生。学习的兴趣是学生学习的重要因素，但兴趣有时是在交流中产生的，人只有在一定的情况下才能爆发出自己的潜能。交流是此次活动给我的最强感受，没有交流就好比井底之蛙，闭门造车的人是不会与时俱进的。

最后，感谢四校导师给了我们如此难得的学习机会，正因为有了你们不断前行的探索才使我们这些后来之人有了方向和希望。

南振宇
中央美术学院　研究生
2009 年 6 月 5 日

动人的协奏曲

四校联合毕业设计感言

跳跃的思维、跳跃的心情充满了整个课题过程，在各种思维的碰撞下，我们看到了多元教学模式下所带来的丰硕的果实。仿佛是四校共同谱写了一首美妙的“协奏曲”。里面充满了和谐而又有律动的音符。由四位老师共同谱写的前奏，助教的低音音符，学生的中音以及三次汇报交流，四次交流指导，最终毕业答辩的高音共同构成。

前奏：四位导师的共同谱写，成就了这样的一次机会，使得四个原本独立个体成为一个设计集体，给予了学生更多交流的空间和展现自己的舞台，在这样一个多元化发展的社会，这种多校共同交流，共同学习，老师共同指导的形式必然会给即将毕业的学生打开另外一扇窗，使学生在整个过程中不仅在专业上汲取了丰富的营养，相互促进、取长补短，也在自己的团队协作精神和与人及其社会沟通的能力上得到了提高。

低音：在强而有力的前奏之后，助教开始了繁杂的筹备工作，我们充当起了协奏曲中低音的部分，看似深沉，但又活跃。作为助教我很荣幸自己能够成为协奏曲中的一个小小的音符，在交流教学的过程中，我们努力的配合老师教学，尽量把工作做好做细。然而在做助教的过程中对我影响最大、体会最为深刻的是，深深感受到了四位导师的敬业精神，他们不辞辛苦作最充足的教学准备，安排多次交流汇报，辗转各校多次给予学生们最及时的指导，用自己积累的知识及实践经验引导学生思考并设计。因学生人多，时间有限，中饭通常就是一份简单的盒饭。这不由得让我想到“春蚕到死丝方尽，人至期颐亦不休。一息尚存须努力，留作青年好范畴”。四位导师以自己高尚的师德感染着所有的参与四校联合毕业设计的学生，更深深感染着我们这四个学校的教学助手。

中音：来自四个学校的近50名毕业生成为整个协奏曲中在整个设计过程中相互切磋，知己知彼，取长补短，都竭尽全力地完成自己的毕业作品。过程中我被他们的坚持而感动，被他们的执著而感动，被他们的努力而感动，更为他们的自我否定的精神而感动。这些感动将永远伴随着我，转化为收获，一生受用！

高音：三次汇报交流、四次交流指导是整个过程中的重彩，这是老师之间，学生之间，老师与学生之间最为密切的接触及交流。老师之间相互探讨教学的模式及其指导的方向，学生之间相互学习，相互勉励共同进步。老师与学生共同攻克瓶颈。5月24号的最终毕业答辩，每位同学都作出了精彩的回报，在果实累累的盛夏季节，我们四校联合课题组也结出了丰硕的果实。虽然在这些果实中也掺杂了欠缺、遗憾和些许的不满，然而精神上的收获让参与其中的每个人都受益匪浅。

在此，感谢清华美术学院张月教授、北方工业大学李沙教授和天津美术学院彭军教授及其我的导师中央美术学院的王铁教授，在百忙之中为我们提供了交流和学习的平台。感谢各位导师给予我们作为教学助手的机会，我们在此之中学习，从您们身上学到很多专业之外的东西，收获颇丰。此外，感谢各位同学的努力，有你们和导师的共同努力才成就了这样一支优美的协奏曲！

再次感谢各位老师，也希望这样的教学活动能够得以持续！

邓璐
中央美术学院　研究生
2009年6月4日

完美的碰撞

四校四导师教学交流活动感想

作为中央美术学院建筑学院研二的一名学生，我非常有幸参加了由中央美术学院建筑学院、清华大学美术学院、天津美术学院和北方工业大学“四校四导师环境艺术专业毕业设计教学交流活动”。此次交流活动不仅仅是由四校四位导师为学生搭建的一个教学平台，同时也是对高校艺术学科设计教育发展了30年来的一种教学模式的探讨，对环境艺术设计本科毕业设计课题新思路的一种思考。

这四所院校中，有综合性大学，有艺术类院校，不同的教学模式和教学背景培养出了各具特色的专业人才。在同学们互动探讨、汇报方案的过程中，我看到了差异，也看到了机会、理性与严谨、激情与大胆，同学们尽情地释放自己的能量，积极诚恳地交流，对于学生的毕业设计，结果的好与坏已不再重要，过程中的思想碰撞和实践尝试才是正真值得关注的。可以说，传统的应试教育模式和一统式的教学评判方法在这样一个四校交流的氛围中得到了质的提升和飞跃。

时间一转眼已到了大家准备参加毕业典礼的日子，紧绷的神经终于能够放松下来，但激动的心情依旧不能够平静，还记得2009年3月14日上午在清华大学美术学院阶梯教室举行的启动仪式，大家是那么的紧张又兴奋，这应该是同学们第一次与这么多学校的老师和同学齐聚一堂，第一次接受四校四导师这样强强联合的指导，也是第一次与四所大学的同学共同汇报交流。整整一天的启动仪式和汇报过程虽然辛苦，但却非常成功的为日后的指导和汇报拉开了序幕。至此，历时将近半年之久的四校联合课题活动已经落下帷幕，可脑海中挥之不去的依旧是学生冥思苦想的神态，低头伏案的样子和老师们来回穿梭指导的身影。

我作为一名教学助手，从帮助王铁老师准备此次活动到最后的颁奖典礼，经过了3次正式汇报和4次导师巡回指导，其间的分分秒秒都成为我人生中宝贵的经验和财富。学生因为交流增进了友谊，打开了思路，激发了灵感；老师因为交流产生了碰撞，深化了理念，促进了探讨。

这种面对面的、开放式的教学交流形式对每一位本科毕业生都是一次难得的机会，在大家选题、调研、讨论、修改、汇报的过程中我也得到了从未有过的学习体验。再次感谢各位老师打破了院校隔墙，构筑了这样一个丰富的交流平台，感谢同学们的努力，感谢各位老师孜孜不倦的指导。非常期待以后还能有更多这样的交流活动，为中国高校环境艺术教育事业提供更多的探讨机会。

周爽
中央美术学院 研究生
2009年6月5日

学生代表感言

在这将近半年的时间里，我们的老师给予我们非常多的指导和帮助，尤其在设计上给予我们很多点拨，使我们受益匪浅，受益终生。首先感谢我们的老师，我们辛勤的园丁。

在这将近半年的时间里，我们所有学生都遇到了各种各样的困难和挫折。有时候在设计的过程中遇到瓶颈不得不否定自己的时候，会感到无比沮丧。而在瓶颈中发现突破点的时候，又会无比兴奋。我们就是在这样一会“天堂”、一会“地狱”折磨中一路坚持了下来，走到了最后。功夫不负有心人，通过在 5 月 24 日中央美术学院的精彩演讲我看到了我们每位同学都做出了非常精彩的作品。看到这些优秀的作品，我们之前付出的一切汗水和努力都是有意义的。

可以说我们每个同学都已经获得了奖，但是这个奖并不是物质上的奖，而是我们在设计的过程中遇到的各种各样的问题和困难。这些问题和困难才是我们真正的收获。这些收获将永远伴随着我们，一生受用！

最后我期望此项活动在以后的日子里能够继续的举办下去，并且越办越好。

再次感谢我们的老师和同学们！

谢谢大家。

闫伟峰　北方工业大学

毕业设计交流活动让我受益良多，首先感谢各个学校的导师们这次思想火花的碰撞，成就了今天这样有意义的活动，使学院里的毕业设计冲破了壁垒，达到了学院间毕业设计的交流。

整个活动过程中不仅让老师之间得到了交流，更主要的是使各个学校的同学互相学习，取长补短，并且在毕业设计过程中能够得到不同学校导师宝贵建议，这些都是我们走向社会以后所不能企及的。

在私下里我们交流设计经验和制作技巧，了解互相之间的教学特点，认识到了许多学校的同学们的长处与优点，并不断完善自我。

在几个月的时间里，我们看到了其他院校同学们的创作热情和积极态度，这也在不断鞭策着我们，无论从进度上还是设计深度上，各个学校的同学们都在努力准备着一较高下。这正是我们所希望看到的，希望让毕业设计继续燃烧我们的青春的创作激情，不管将来是继续深造学习，还是即将步入社会，只要我们不断地努力学习钻研，在未来的道路上我们都要以这样饱满的热情去迎接以后的光明之路。

同时，希望“四校四导师环艺专业毕业设计交流活动”在今后能够举办的更加盛大，吸纳更多的同学参与进来，展现自己的风采，锻炼自己的能力，同时结交更多具有优秀设计潜力的兄弟院校的朋友！

杨璇　清华大学美术学院

今天我十分荣幸能作为学生代表在这里发言。

首先，感谢各位领导、老师能在百忙之中抽出时间参加四校联合的颁奖活动，也十分感谢老师能够给我们提供这样一个平台，让我们在这里相互交流。在毕业创作的过程中，老师奔波于四校之间，非常辛苦，在这里，我代表美院同学感谢各位老师给予我们的辛勤指导。在这里，我们尤其感谢我们的王铁老师，经常给我们看方案，针对不同的方案，提出不同的创造性意见，不断拓展我们的思路，开发我们的创造力，让我们真真切切地体会到了一句话："没有做不到的，只有想不到的"！

其次，要感谢各位同学能够在这里与我们分享你的设计成果，也的确让我们看到了兄弟院校的实力。

最后，希望通过这里交流，促进同学之间的相互学习，希望咱们成为设计界的精英，也希望咱们的四校联合活动越办越好。

姚轶群　中央美术学院

尊敬的各位老师、同学们，大家好！我是来自天津美术学院的白明川，谨此我代表这次参加四校联合毕业设计创作的同学们对各位老师表示深深的谢意。感谢王铁教授、张月教授、李沙教授和彭军教授在百忙之中为我们组织这个意义非凡的活动。让我们在学习生涯里有幸能受到各位名师的指点。感谢各位老师抽出周六日的时间亲临指导,同时感谢彭军老师和高颖老师一直以来对我们方案的修正和提出宝贵的建议,将我们的设计思路引上正轨。

非常珍惜老师为我们创造这个机会能够与兄弟院校的同学们互相交流和探讨，使我们拓宽了思路打开了眼界，此次活动让我们见识了兄弟院校同学们严谨的设计构思，对于一些概念的理解和方案的探索深度，包括设计过程中不断的思考、反复推敲，否定自我进而去完善方案的韧劲，在蜕化过程里有很多我们值得学习的方面，我们也是在这样一个过程里不断深化我们的设计，最终拿着完整的设计成果怀着一颗激动的心再次来到北京，因为我们迫不及待地想将我们的设计展示给大家。记得第一次来北京汇报方案的时候我们的心情是有别于现在的，那时是处于方案的初步设计阶段，刚刚从实地调研回来的我们头脑里出现了无数的设计想法。怀揣着对这次活动结果的憧憬，无论它是不成熟的还是作为年轻人的一股冲劲，都使得我们在这个方案的设计过程中充满自信。

我们在这次活动中通过探讨丰富了知识，得到了锻炼，在竞争中提升自己，在提升自己的同时结交了朋友，得到了很大的收获。使我们在以后的学习和工作中都受益匪浅。

再次感谢各位老师，谢谢！

白明川　天津美术学院

“四校四导师环艺专业方向毕业设计教学交流活动”启动仪式及开题汇报于3月14日在清华大学美术学院进行。

主持人：张月　教授

清华大学美术学院副院长郑曙旸教授致辞

中国建筑工业出版社张惠珍副总编辑致辞

清华大学美术学院环境艺术设计系主任苏丹教授致辞

2009年3月14日，“四校四导师环艺专业方向毕业设计教学交流活动”启动仪式及开题汇报在清华大学美术学院C525进行。参加此次启动仪式的四位导师包括中央美术学院建筑学院王铁教授，清华大学美术学院张月教授，天津美术学院彭军教授，北方工业大学李沙教授。中国建筑工业出版社的张惠珍副总编辑及李东禧主任、清华大学美术学院副院长郑曙旸教授及环艺系主任苏丹教授参加并致词，对此次活动的意义给予了充分的肯定和高度的评价，搜房网对此次启动仪式也作了全程报道。

此次课题组目的是为打破院校间的隔墙，从过去只是信息上的交流转变为直接交叉指导学生完成毕业设计。此次交流多方向听取教师与学生的意见，使师生之间有更广泛而深入的面对面交流，使学生毕业设计更加深入，激活他们的大学期间所学习到的专业基础知识与专业设计能力。此次活动将建立起学生走向社会实践的信心，充分反映每个学生的真实能力和自身价值，教学上共同探讨环境艺术设计本科毕业设计课题新思路。

四校本科生毕业设计开题汇报在启动仪式后进行，四校导师和同学对各自课题进行了深入的交流和探讨，为此次教学活动的圆满成功拉开了序幕。

四校联合课题已与中国建筑工业出版社商谈计划于2009年8月出版。

清华大学美术学院环艺系
2009年3月16日

清华大学美术学院环境艺术设计系副主任张月教授
主持启动仪式

中央美术学院建筑学院副院长王铁教授
介绍四校联合课题框架

北方工业大学艺术设计学院主任李沙教授

中央美术学院建筑学院、清华大学美术学院环境艺术系、天津美术学院设计艺术学院、北方工业大学艺术设计学院四校联合课题全体师生在清华大学美术学院门前合影

开题汇报

在清华大学美术学院阶梯教室

学生介绍课题

学生介绍课题

教师评议课题

王铁教授讲评

教师评议课题

业毕业设

中期汇报

四校四导师环艺专业方向毕业设计教学交流活动中期汇报于 4 月 11 日在天津美术学院进行。

主持人：彭军　教授

四校师生于天津美术学院门前合影

张月老师评讲

张月老师指导学生

天津美术学院交流现场

张月老师指导学生

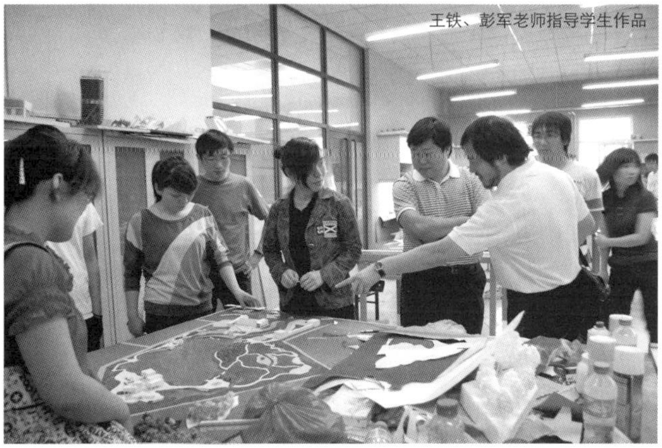
王铁、彭军老师指导学生作品

高颖、彭军、李沙、王铁、张月老师探讨（由左起）

王铁老师在天津美术学院指导

彭军老师点评

四校四导师于北方工业大学门前合影

"四校四导师环艺专业方向毕业设计教学交流活动"中期汇报于4月4日在中央美术学院进行。

主持人：王铁 教授

李沙、王铁老师交流

李沙老师辅导吴靖同学

彭军老师辅导刘玉洁同学

王铁老师辅导吴靖同学

彭军、高颖老师辅导刘玉洁同学

李沙老师给同学点评

彭军老师与同学交流

伍晓雯同学作图现场

王铁老师作图示范

四校四导师环艺专业方向毕业设计教学交流活动”答辩汇报

于 2009 年 5 月 24 日在中央美术学院 5 号楼学术报告厅举行。

主持人：王铁　教授

王铁：

四校四导师环境艺术专业教学交流暨凯兴达优才计划答辩现在开始。今天主要是答辩，四个学校合在一起。每个评委分别给分。今天到场的评委：中央美术学院建筑学院王铁教授，清华大学美术学院环艺系主任张月教授，天津美术学院彭军教授，北方工业大学李沙教授。今天到场的嘉宾是第一次接触学生们的设计。他们会根据学生们的表达和对设计的介绍给予作品一个综合的成绩。对学生们作品的完整性、逻辑性、创造性、表达性提出问题和要求。今天到场的嘉宾为中国建筑装饰协会设计委员会秘书长田德昌。

田德昌：

我很激动。今天来到这里，我感觉自己回到了学生时代。我看到这些学生的设计都很优秀。我也希望在座的同学能取得好成绩。

王铁：

中国建筑装饰协会是我们的一级协会。将来同学们毕业工作以后，有很多方面和协会会有接触的。将来大家的设计或者是做工程，都会由中国建筑装饰协会去评选。希望今后和田德昌秘书长有一个好的合作。接下来介绍这次四校联合的参与者、中山市凯兴达幕墙装饰工程有限公司董事长郭建伟。他作为这次活动的参与者，为我们提供了丰厚的奖品以及一直支持我们的工作。包括为我们北方工业大学的同学在他的公司实习提供了很多方便。下面请郭董事长发言。

郭建伟：

今天，我非常荣幸能参加这次活动。我抱着一个学习的态度来的。刚才在下面看了一下，各位同学准备的都非常充分。各位老师和同学对这次活动都非常重视。我也期待大家在这个舞台上面展示自己的能力。我也希望大家在工作中能够取得更好的成绩。谢谢大家。

清华大学美术学院副院长郑曙旸教授发言

中央美术学院院长谭平教授发言

凯兴达公司董事长郭建伟发言

清华大学美术学院环境艺术设计系副主任张月教授发言

中央美术学院建筑学院副院长王铁教授发言

中国建筑工业出版社张惠珍副总编辑发言

清华大学美术学院学生代表杨璇发言

天津美术学院学生代表白明川发言

中央美术学院建筑学院学生代表姚轶群发言

高颖老师与助教周爽、刘岳统计答辩分数

中央美术学院建筑学院学生汇报

中央美术学院建筑学院刘喜瑞同学汇报

中国建筑装饰协会设计委员会秘书长田德昌发言

中央美术学院教务处处长王晓琳发言

清华大学美术学院汪建松老师听取学生答辩

中央美术学院建筑学院副院长王铁教授主持

中央美术学院建筑学院邱晓葵教授发言

嘉宾会后讨论

凯兴达董事长郭建伟茶歇与学生对谈

嘉宾会后讨论

李沙教授填写获奖名单证书

王铁：

感谢郭总的鼓励。下面请我们中央美术学院城市设计学院副院长王中教授给大家寄语。

王中：

我今天是来取经，同时我也非常期待看到同学们优秀的成果。预祝各位同学们毕业后取得更大的成果。

王铁：

为了更加公众性，更加合理性，我们邀请了中央美术学院建筑学院邱晓葵教授作为我们的评委。

邱晓葵：

今年没有参加这次四校联合的活动。我希望明年能够参加这个活动。这次受王老师的邀请参加最后的答辩我感到非常荣幸。我希望参加这次答辩的同学能有一个良好的表现，能够顺利毕业。希望大家努力。

王铁：

邱老师治学是十分严谨的。最后我还要对参加答辩的同学提出几点要求。由于时间非常紧张。所以大家在叙述自己的作品的时候一定要做到语言的简练恰当，表达充分。这是每一个学生走向社会之前最重要的一次答辩。每位评委在答辩的过程中自己给分。大家要认真去表达。几个人合作的作品，答辩的时候要让大家知道哪些是你们合作的部分，那些是你自己的部分，一定要表述清楚。我们更重视的是个人的能力，这一点是非常重要的。答辩的时候要放松一些。我们注重培养学生们的创造力。

颁奖典礼现场

时间：2009 年 5 月 25 日 9：15am
地点：中央美术学院学术报告厅
主持人：王铁　教授

王铁：

这次四校四导师环境艺术专业教学交流是教学上的一次新的尝试。从这次的作品上来看，确实是不错的，各个学校之间有一个互补，无论是学生还是老师，大家在这个过程中都付出了很多。这次广州凯兴达为我们做了一个优才计划奖，这对我们这次活动是一个很好的鼓励和支持。将来呢，我们希望这种企业继续支持我们把这个活动做下去。今天要感谢中国建筑装饰协会设计委员会、中国建筑工业出版社和清华大学美术学院对我们这次活动的大力支持。清华大学郑曙旸副院长和中央美术学学院谭平副院长从策划到实施，都给予了我们很大的支持。在两位院长的支持下，我们这次活动从开始到现在都非常顺利。接下来由清华人学美术学院环境艺术设计系副主任张月老师发言。

张月：

今天我的心情很激动。这个活动我们整整持续了一个学期。今天能看到这么多专业的老师汇聚在一起，对我们这一个学期的成果进行一次总结。看到最后今天这些成果，我们看到我们这些同学的努力，我心情特别激动。这个活动一开始策划是在上个学期期末，几个老师聚在一起，讨论教学在原有的基础上是否能有一些新的突破。每个学校都有自己的一些特点，每个学校都有自己的一些积累，都有一些自己的想法。各个教学平台上交流的都是一些成果的东西，但是思考的过程的东西和其中的管理的经验交流的很少。其中有很多很现实的问题。但是我们在考虑这个问题的时候没有想那么多，我们只想的是我们能做什么，马上能操作起来的。从可操作性上来讲，我们能怎样去改进，把这个事情推动起来，可能以后会有一个好的结果。我们几个老师商量了一下，我们都认为这个事情可以做。从结果来讲，这个结果是大大超出我们当初的预期。我们现在可以去展望再往前发展的一个宏图。从前期的开题到中期的回报再到最后的结果。从一开始我就感觉强烈的火药味。大家都在努力想要把自己的东西表现出来。另一方面，我感觉到一个非常鲜明的特点：每个学校的教学特色是非常不一样的。每个老师和学生，都从中发现了一些对自己以后教学和工作中能够吸收的，能够有促进的东西。感谢建筑装饰协会和中国建筑工业出版社给予我们这样一个平台。谢谢大家。

二等奖获得者合影

颁发指导教师聘书

三等奖获得者与颁奖嘉宾合影

四校导师与嘉宾在中央美术学院多功能厅前合影

谭平、田德昌、郭建伟、郑曙旸合影（从左起）

给助教颁发聘书

谭平、郑曙旸教授颁发一等奖

全体师生在中央美术学院多动能厅门前合影

王铁:

非常感谢张老师把我们这次活动的脉络梳理了一下。下面我们把话筒交给郑老师。

郑曙旸:

今天能够参加这样一个会，感到非常高兴。我觉得今天最大的一个好处就是打破了学院之间的壁垒。因为我们多年以来形成了一个固定的格式，好像每个学校体系都不相同，作为一个毕业设计能够一块搞，在若干年以前是不敢想象的，而且这件事情在我们环艺专业实行是具有一个很强的时代意义的。我认为我们设计的未来关键就在于我们的设计教育。而设计教育的提高关键就在于我们要打破原有的这样一个狭小的圈子。我们在座的这些人，都是我国未来 50 年到 100 年的设计栋梁了。在毕业设计的时候赶上这样一个活动也是非常不容易的。毫不夸张地说，这次活动开创的中国设计教育的一个新的模式。这种模式值得我们去推广。虽然在推广中会有这样那样的一些问题。但是我认为这些都是在前进中能够克服的一些障碍，它的前景还是非常美好的。希望同学们在以后的工作和学习中取得成功。让这次活动成为我们一生的宝贵经验和资源。

王铁:

非常感谢郑院长给我们的寄语。下面有请我们的谭院长发言。

谭平:

这次活动带动了我们老师对于毕业设计指导的激情。刚才看了一下我们学生作品，从直觉上感到我们学生的作品的力量,这些作品和以往的环艺设计有很大的不同。同时这种专业指导的方式，无论对于专业本身还是对于其他专业也好，这是一个非常好的尝试。对于学生们来说，面对不同学校的老师。每个学生会有不同的思考，这是最根本的。同时也对学院的教育方式提出了一个新的问题，同时也提出了一个新的挑战。以往是老师知道，学生制作的毕业设计，学生对老师的指导方法比较熟悉。这样一个新的知道方式，不仅仅是对老师提出了挑战。也对中国的设计教育提出了一个挑战。我希望这样一个事情能从一个偶然变成一个必然。

王铁:

谢谢谭院长。接下来请中国建筑工业出版社的张惠珍副总编辑发言。

张惠珍:

尊敬的各位老师、同学们，大家上午好。今天我怀着非常愉快的心情来参加四校联合教学结题和颁奖活动。我还清晰地记得这次教学活动于今年 3 月 14 日正式启动，我们中国建筑工业出版社应邀前来祝贺。时间过得很快，我们四校按照既定的思路如期圆满完成了师生之间联合教学的各项内容。我仅代表中国建筑工业出版社对积极参与这次活动的师生们表示衷心的祝贺和诚挚的祝福。衷心地希望四校联合教学活动不要止步，要珍惜这次教学活动的点点滴滴。希望师生们能回望这几个月来的一切一切，以致每一个细节。认真总结这次活动中的经验和不足，如果条件允许，我们四校在这次活动的基础上去研究探索内容与形式更具创新意义的教学思路。可考虑组办“四地”联合教学，或同国外相关院校就环艺设计专业进行联合教学，让我们环艺专业学生广泛接触、深入交流，从而达到视野广、思路宽、研究深，进而提高学生们的设计能力和水平，为国家培养一批批有想像力、创造力、内涵丰富的优秀设计人才。

王铁：
谢谢张总的精彩发言。下面我们请田秘书长讲话。

田德昌：
我很荣幸参加了这次活动。我希望更多的企业和老师参与到这样的活动中。这次活动给我启发也很大。我希望下一次能把活动做大，之所以这次活动能这么成功，一方面离不开校领导的支持。另一方面也离不开导师和同学的辛勤工作。我希望这个活动的面更广，更贴合社会，贴合实际，贴合市场。这样我们的活动就更有活力和优势。谢谢大家。

王铁：
非常感谢田秘书长。下面请我们这次活动奖品的赞助单位、广东凯兴达公司的郭总发言。

郭建伟：
我非常荣幸参与这次活动。这次活动是万里长征的第一站。我看到了我们的学生在老师的指导下设计出这么优秀的作品。这些作品里融汇了老师和学生很多灵感在里面。我个人认为，一个作品把自己的情感融汇在里面就是一个很好的作品。作为这次活动的参与者，我非常希望更多的企业参与到这次活动里面去。我希望这个活动的影响越来越大，活动越办越好。

王铁：
非常感谢郭董事长的精彩发言。因为这次活动是一次试探性的教学。我们特意把我们教务处的王处长请到活动现场，希望王处长能给我们提出一些宝贵的意见。

王晓琳：
很高兴能参加这次活动的颁奖典礼，我觉得这次活动是我们追求一种新的教学模式的一种探索。2007 年开始的我国第一轮的教学评估已经结束了。他们对我国高校的教学方式进行了梳理。在此基础上怎样提高教学质量，探索一种新的教学模式，就成为我们大家所关注的问题。这次活动所提出的教学方式使我们眼前一亮。在四校共同搭建的平台上我们看到了一种新的教学模式。在这个平台上。同学们享受到了四个学校丰富的教学资源，同时同学间也增进的更深入的交流。更重要的是得到了四个学校导师强强联合的指导，对于同学们来讲，这是一次很好的学习过程。今天我们也看到了这次教学的成果，同时也感谢各位老师付出的执着和辛苦，也希望这个模式能推广到更多的院校和更多的专业。谢谢大家。

王铁：
非常感谢王处长。在这次教学的过程中，我们也学了很多东西。我们今天请到了中央美术学院建筑学院的邱晓葵老师来参加这个活动。作为没有参与这次活动的老师是怎样理解这次活动的。希望邱老师能给出一些看法和建议。

邱晓葵：
通过这次活动，让我们了解了各自的学校的特点和教学风格，各个学校联合指导既是学校间学术的交流，也是各个学校之间相互学习相互补充的一个良好的平台。对于各个学校教学有相互的促进作用。我也希望明年能够参与到这次活动中，所以现在就要开始准备。参与这次活动对我来说有压力，当然也是机遇。这次活动是兄弟院校的交流和教学环节的补充，确实是非常有意义。

“2009四校四导师环艺专业毕业设计教学交流暨凯兴达优才计划奖”获奖名单

一等奖获得者：田　帅
二等奖获得者：姚轶群、王鲁静、王晓珊
三等奖获得者：沈　宇、万　铮、于江涛、刘喜瑞、杨　璇、杨立新、杨添榜、陈秋来、白明川

佳作奖获得者：
黄峰卫、李传凤、洪培林、刘文龙、孙　辉、苏　明、宋雅春、林淑琼、张小雪、刘玉洁、吴　靖、伍晓雯、邹小杰、贾丽丽、来宝欣、刘　丹、王治奎、鲁　阳、张　静、周　洁、彭　梅、王啸宇、仲金玲、刘玉敏、杨　柳、闫伟峰、周桂琳、杨　哲、张坤泉

一等奖作品

梦寻伊甸园（一等奖）

福建省漳州市火山地质公园景观带设计

田帅　天津美术学院

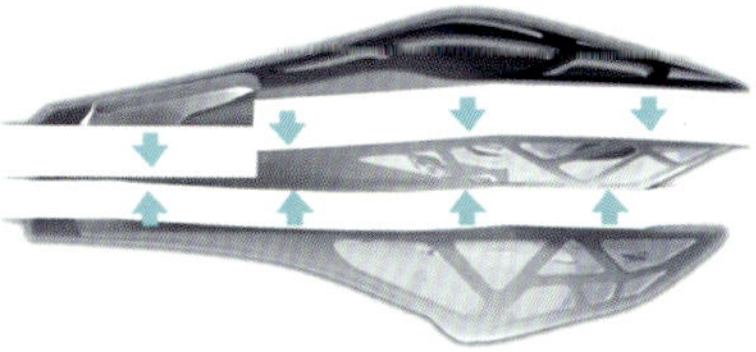

设计思路：顶部的太阳能板为建筑提供能源；中间为科普大厅和观海平台；底部为伸入水面的部分，为了让人们观赏海底火山岩及其周围生长的水生植物的景观。

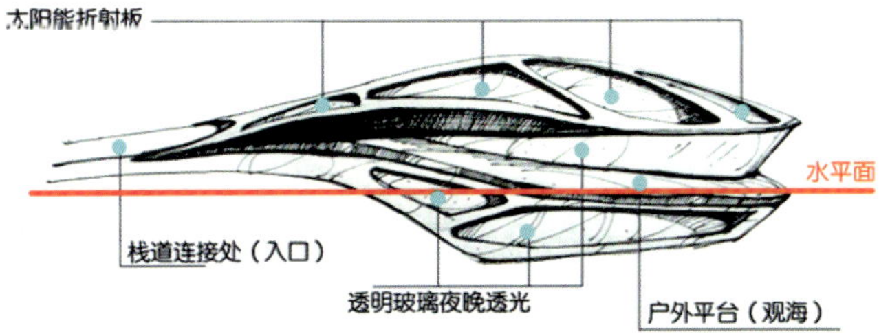

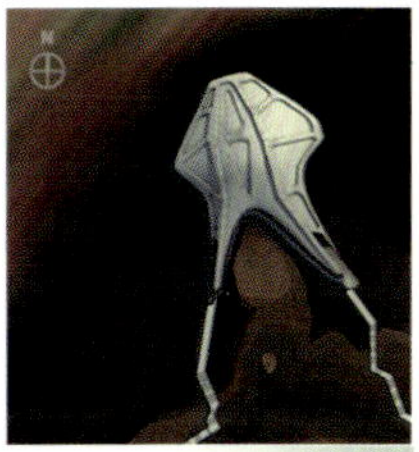

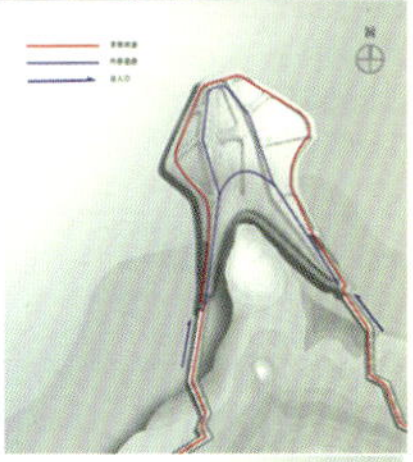

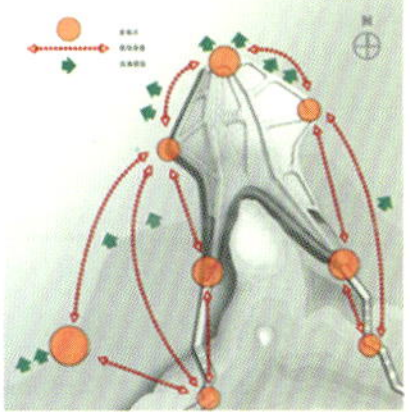

建筑夜景

建筑顶部的太阳能板映射出蓝天及周围的环境，让建筑融合在这个环境中。

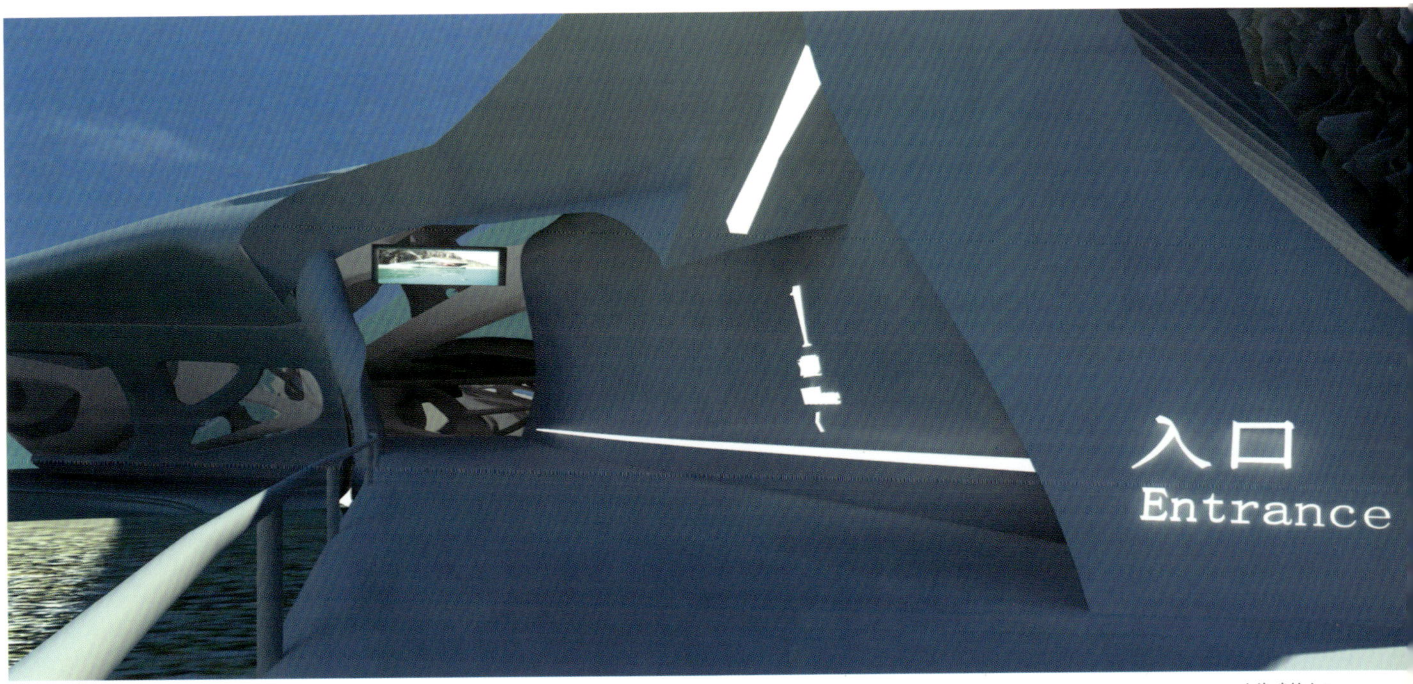

入海建筑入口

入海建筑全景

二等奖作品

记忆城市（二等奖）

北京751建筑景观综合改造设计

姚轶群　中央美术学院

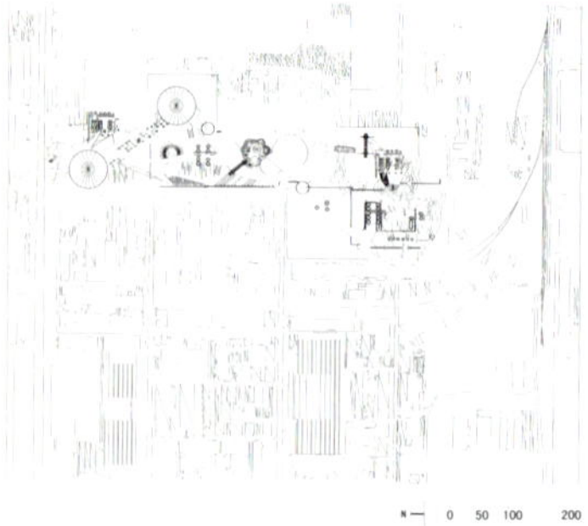

城市是个鲜活的人类文化的大容器，没有文化，城市就失去了精神维系。城市的景观设计是精神文明和物质文明结合最为紧密的一种创作。城市的传统文化特色在后现代主义冲击下已经渐渐褪去。导致出现了许多舶来品，忘记了本民族的文化和文明，城市景观也出现了千篇一律的模仿和文化缺失，这其实是对社会集体记忆的不断消磨——而这些记忆体本该是支撑一座城市或民族的精神和尊严的源头，所以，在这个作品中，我只想用中国的文化来阐述中国的文明，用中国古典园林的设计手法来编织现代元素。

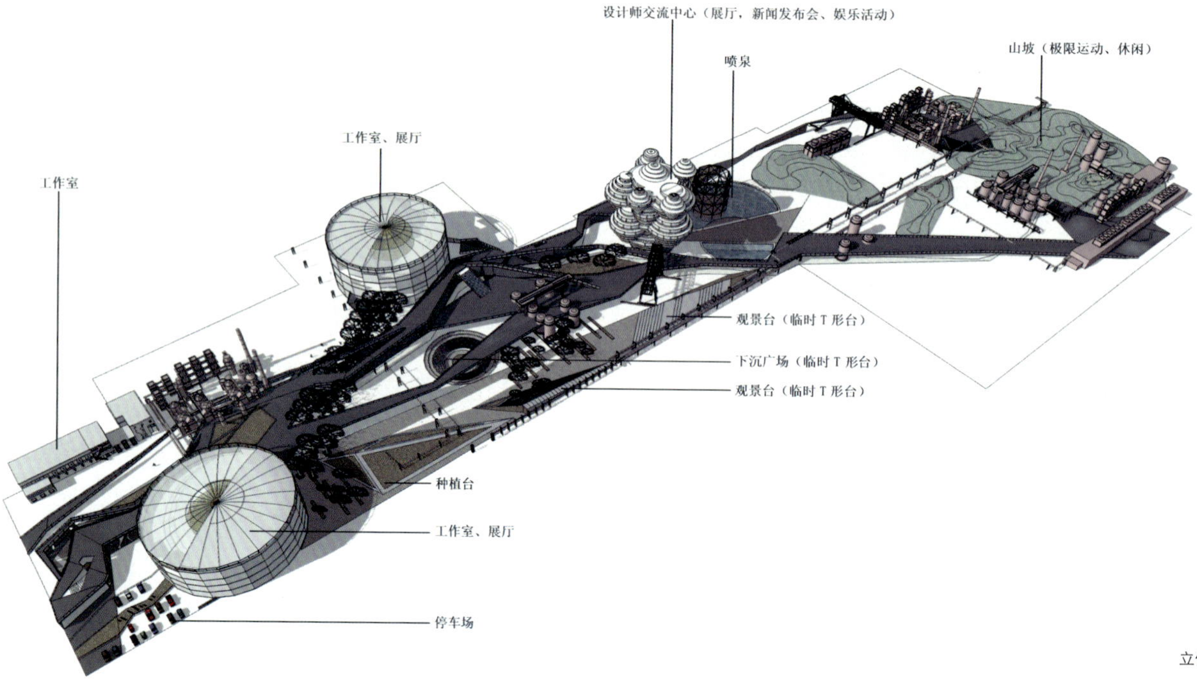

立体功能分布图

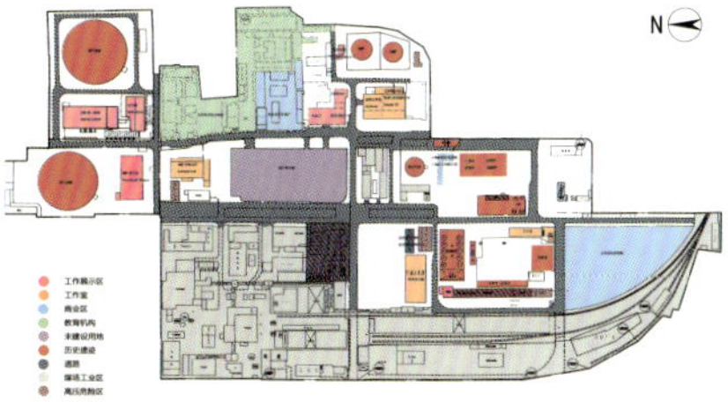

功能分区

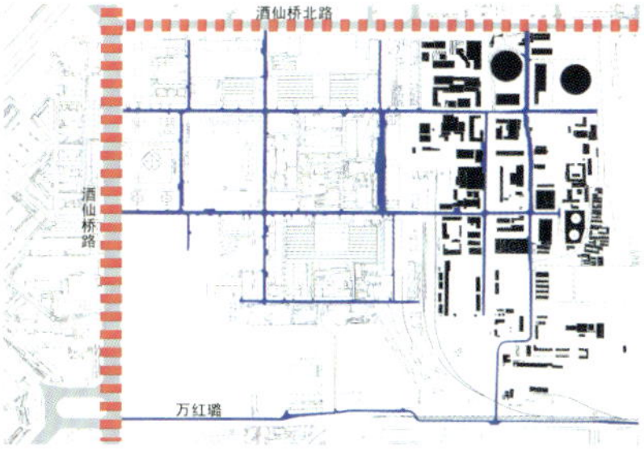

流线分析

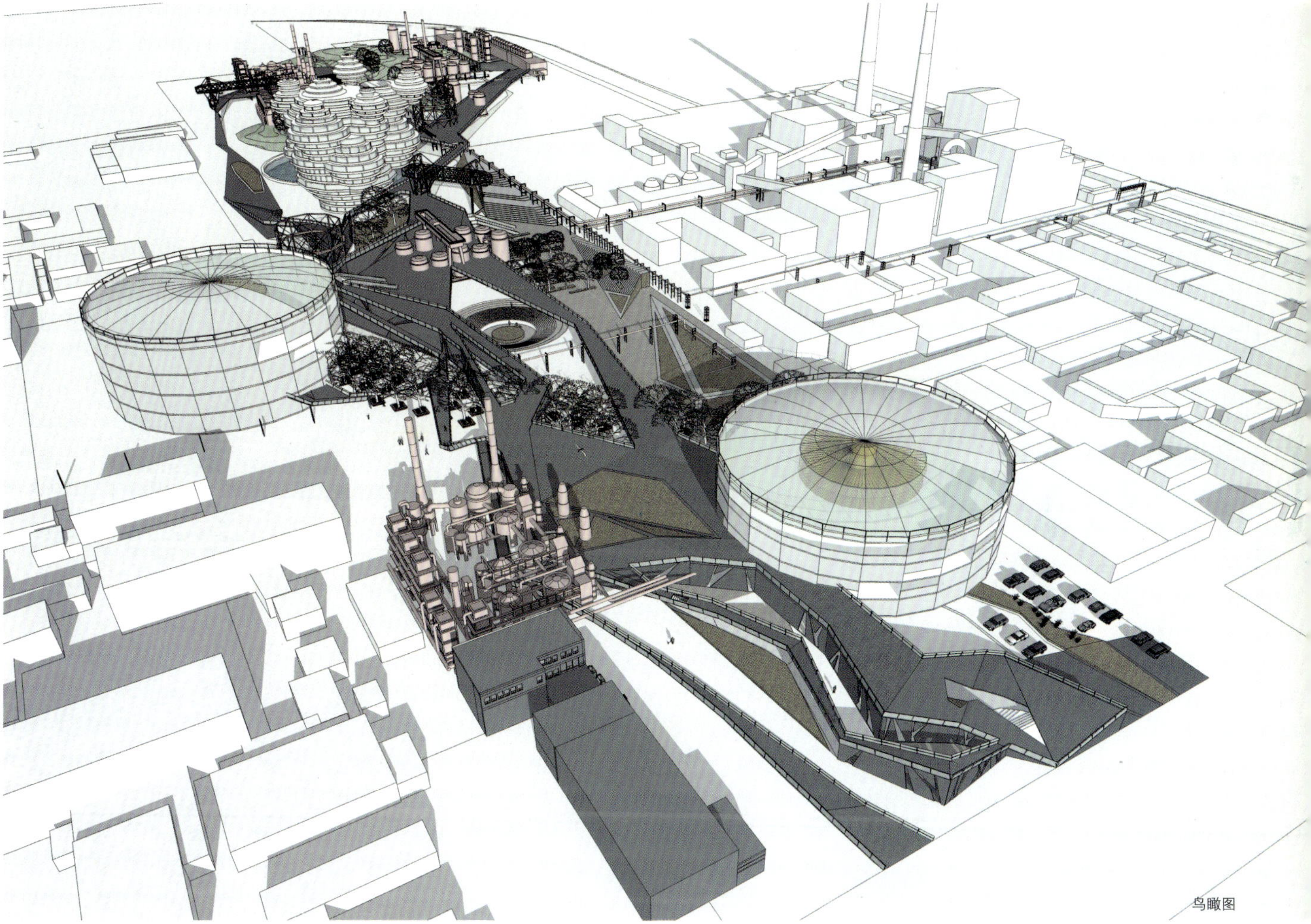
鸟瞰图

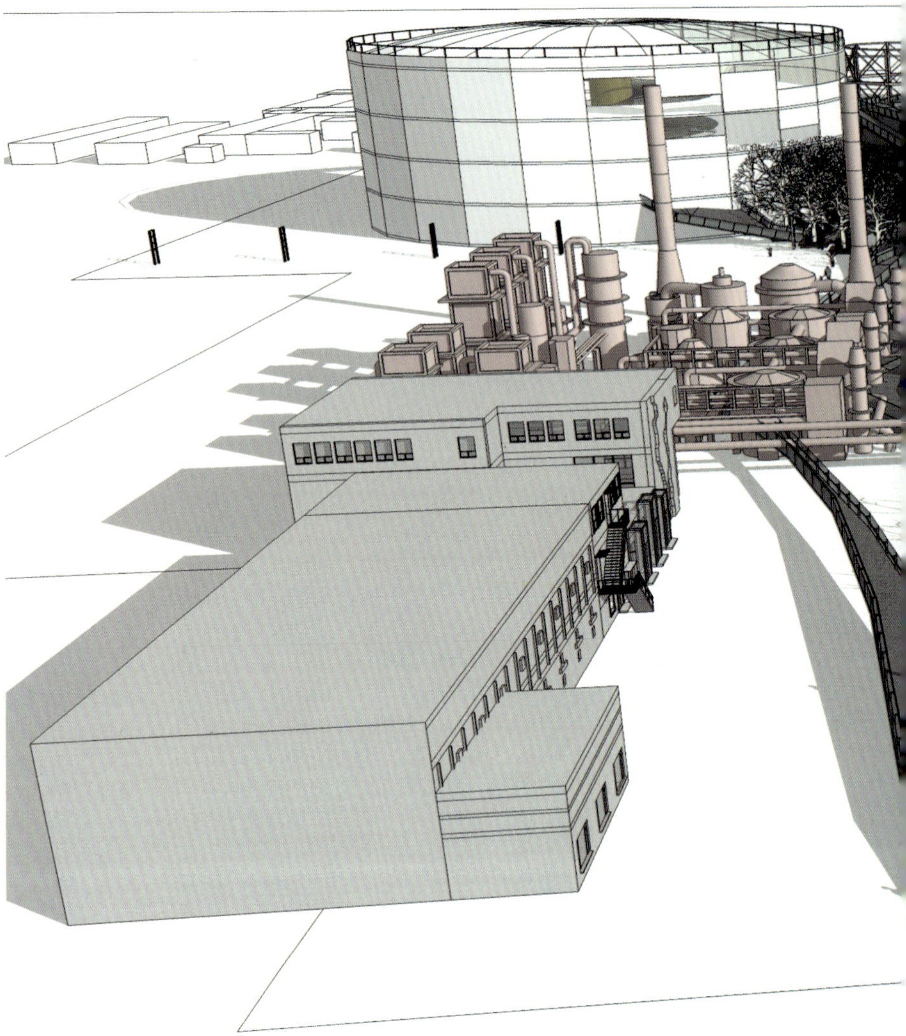

立面图1

油罐区鸟瞰

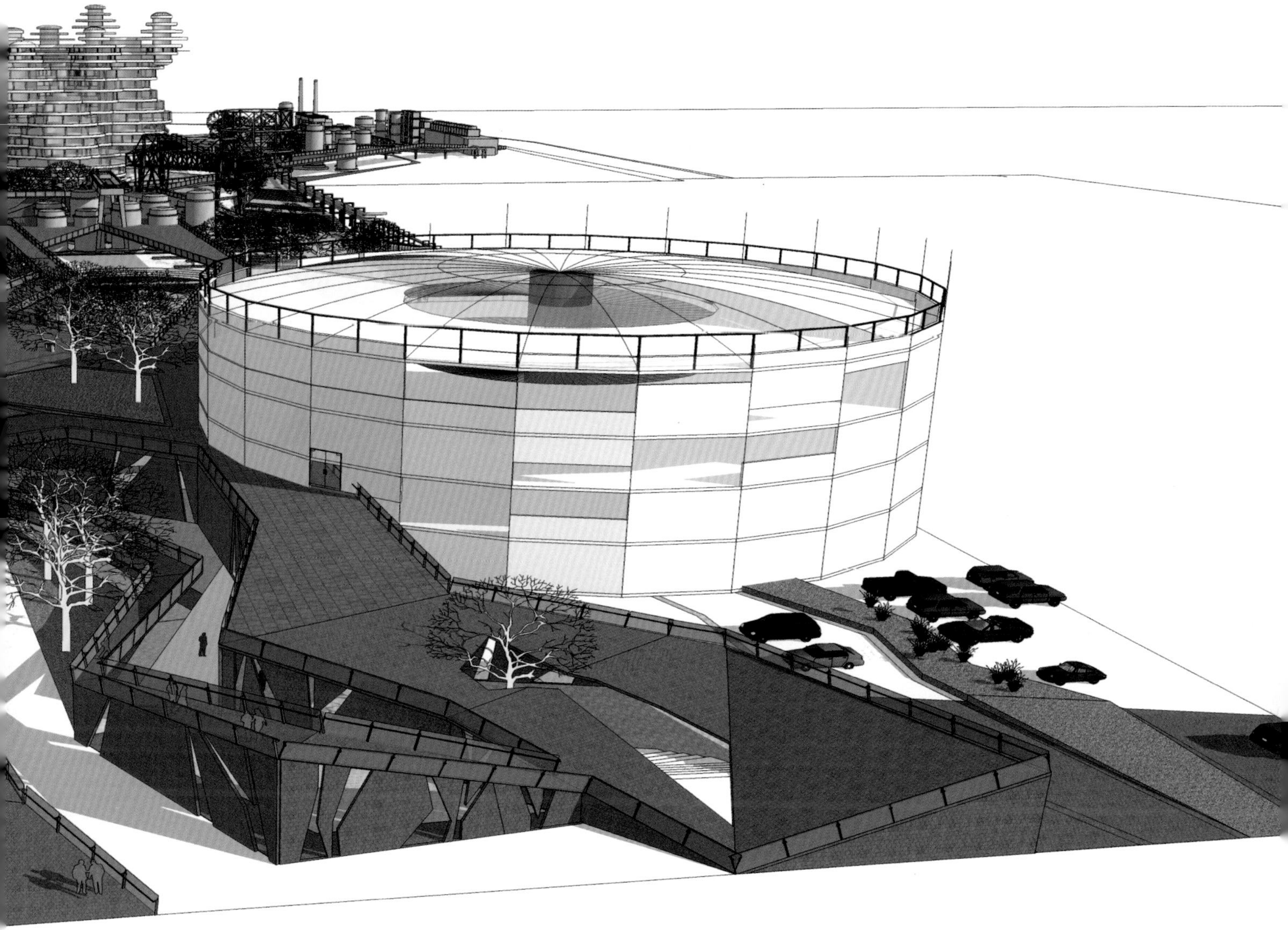

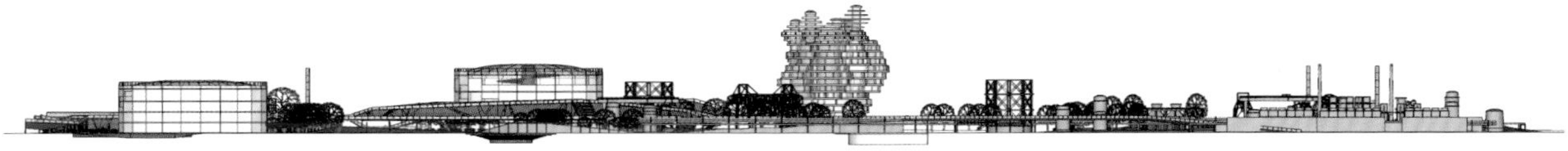

立面图2

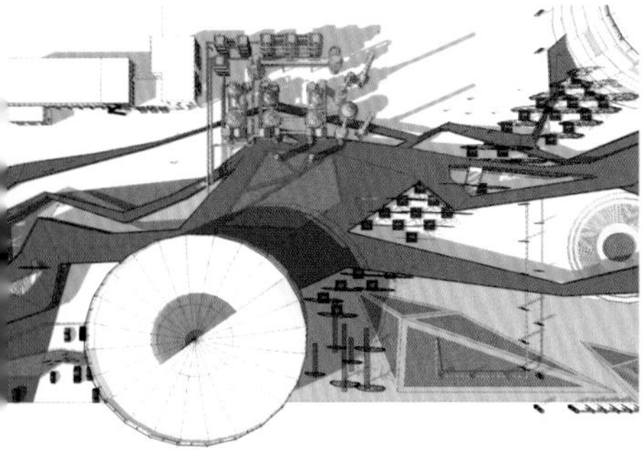

局部平面1

局部平面2

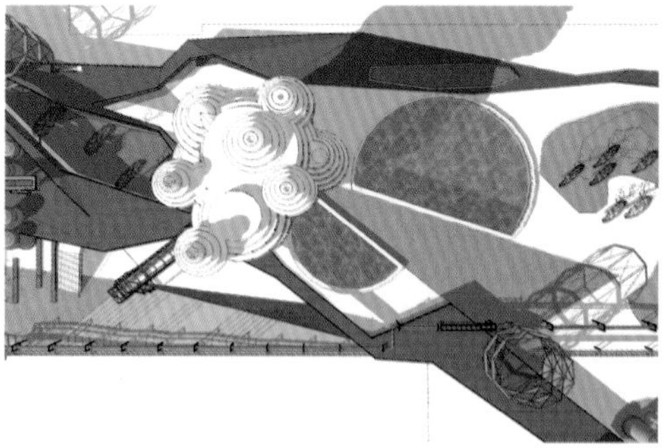

局部平面3

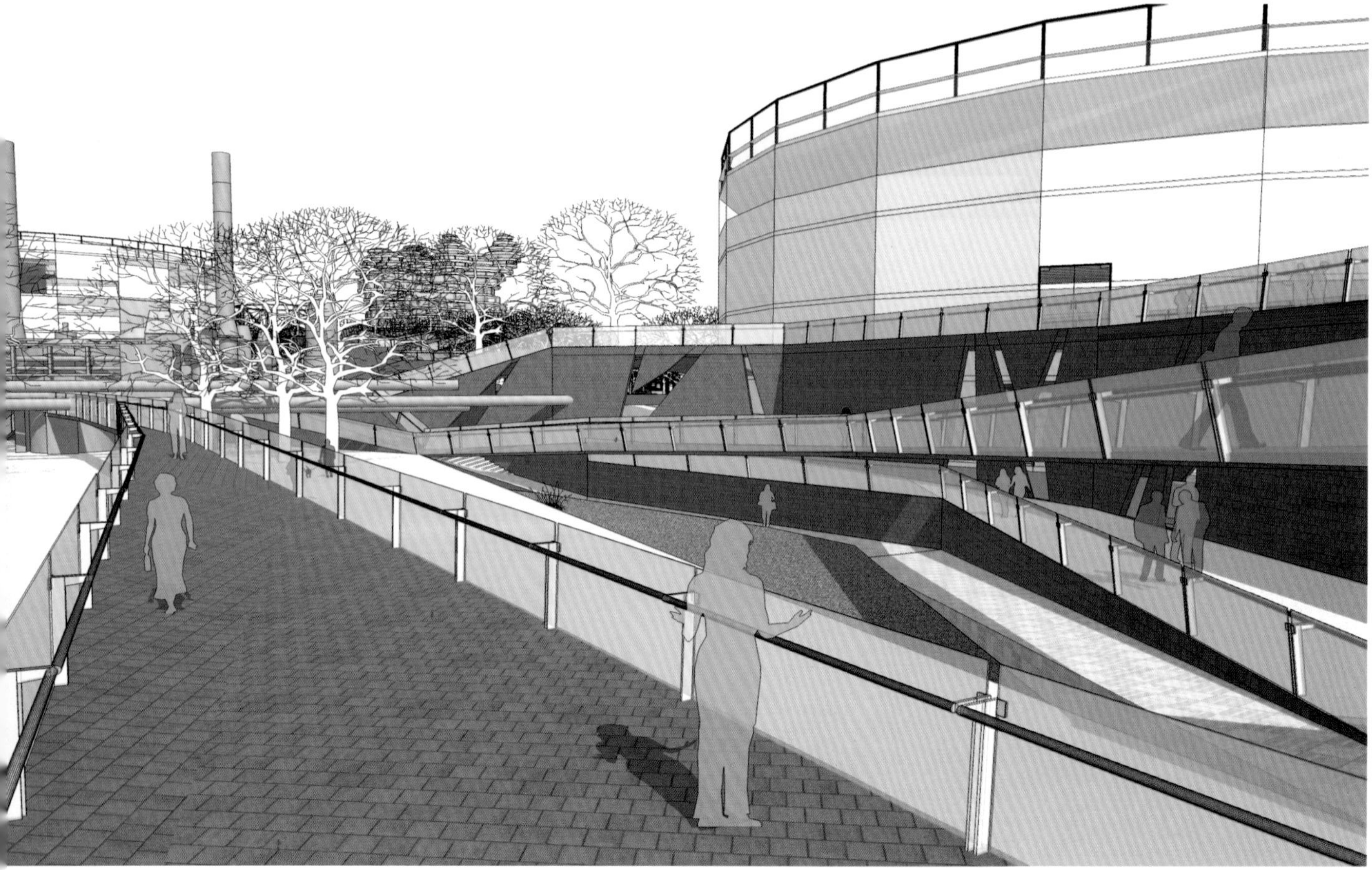

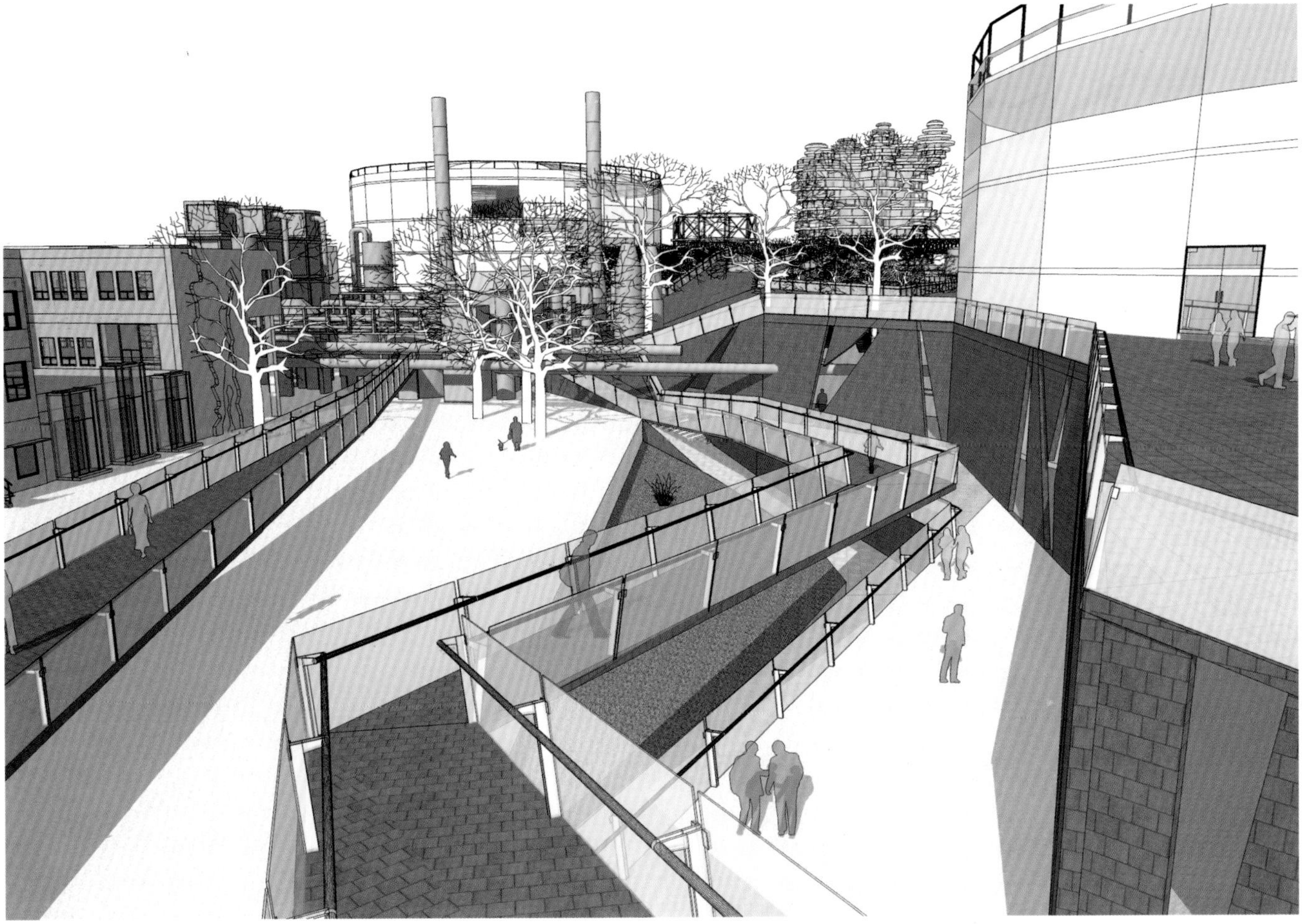

廊道细部

本设计利用了主从与重点，内向与外向， 蜿蜒曲折，疏与密，引导暗示，空间对比，起伏与层次，藏与露，渗透与层次，仰视与俯视等中国古典园林设计的设计手法。本设计以一个整体的脉络将现有的工业景观把握其中，运用现代元素加强此地的工业文明，体现当代的特征，是具有中国特色的现代园林。

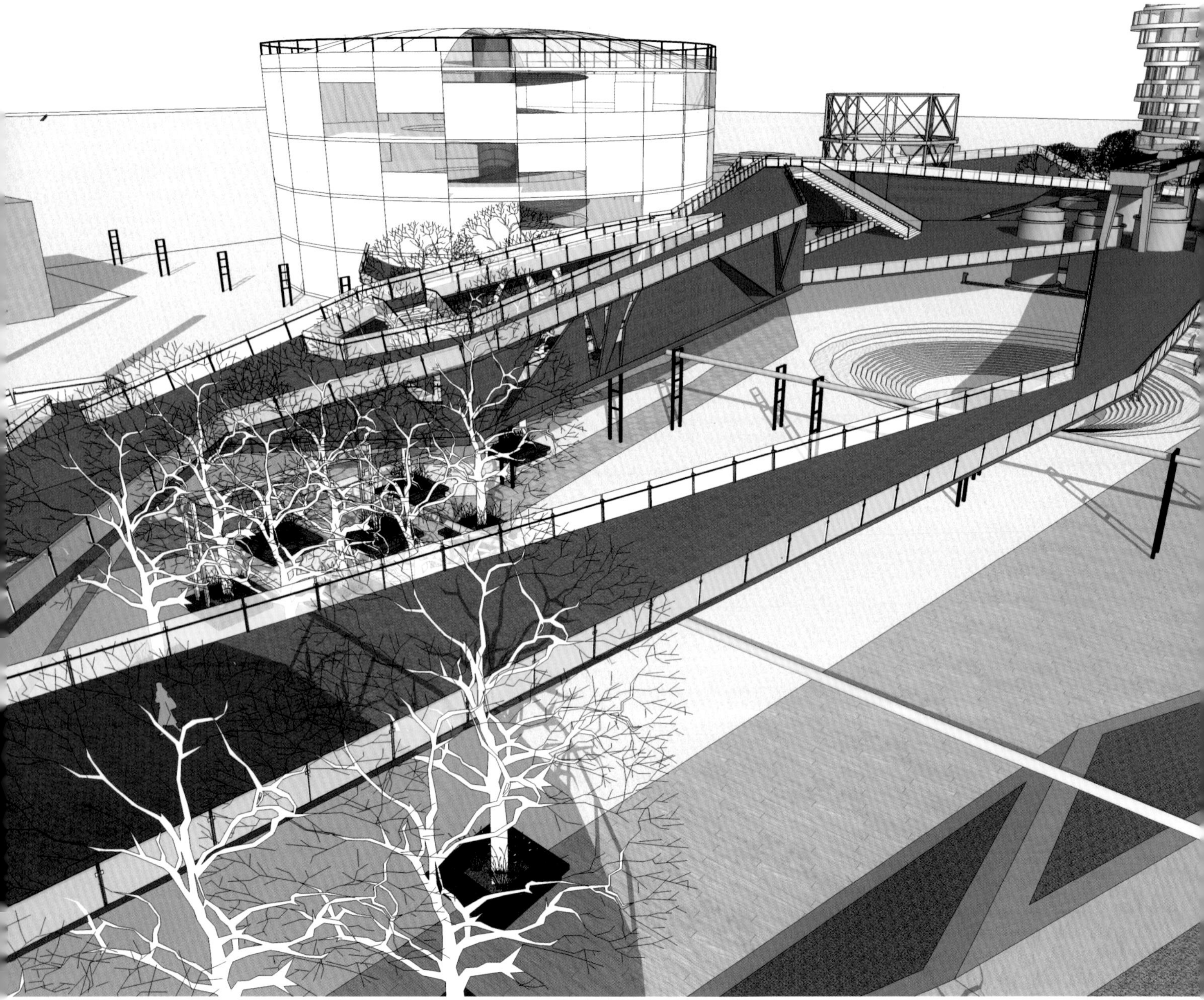

时尚工业（二等奖）

北京751建筑景观综合改造设计

王鲁静　中央美术学院

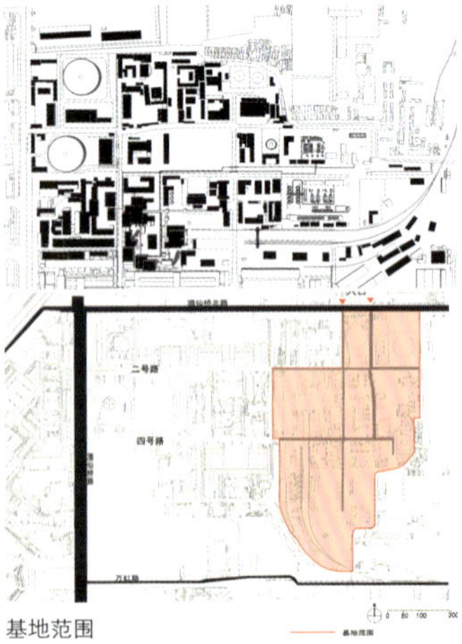

基地范围

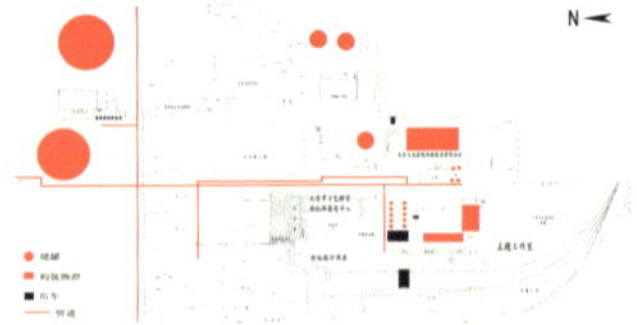

历史遗迹

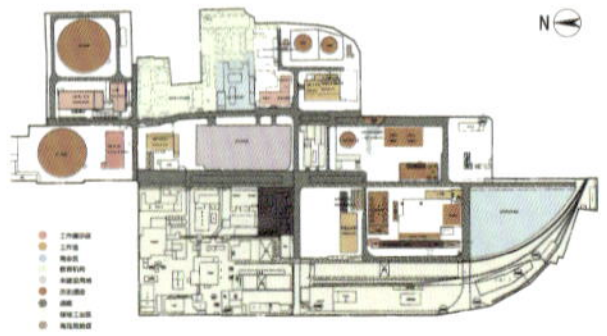

功能分区

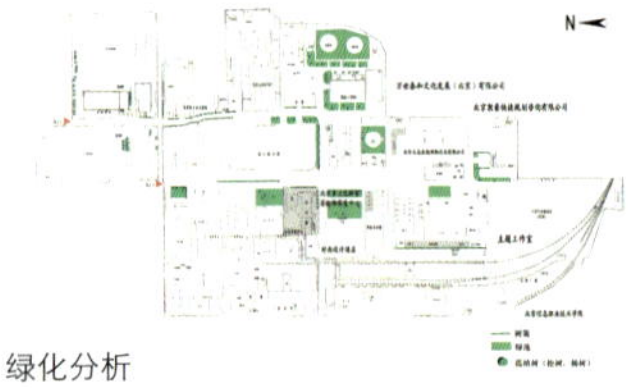

绿化分析

751，这片原来的工业重地因为时代的变迁慢慢地退出了历史的舞台，而又因为时代的发展被赋予了新的使命。现在的751，再也听不到机器的轰鸣，看不到在忙碌的工人，取而代之的是用旧厂房改造的艺术工作室和服装设计室。

751作为工业遗产以及毗邻798，对设计师们来说，是一个从事设计工作的独特场所。他们充分利用原有旧厂房的风格稍作修饰，一变而成为富有另类特色的艺术展示和创作空间。而文化创意产业的兴起更让这些废旧的工业符号迎头撞上了艺术创意，北京的传统工业资源和厂区风格具有厚重、大气的鲜明特点，对于艺术创意人员来说具有非常大的改造空间。用旧厂区内的钢铁管线、铁轨、老厂房等工业元素，摇身蜕变为艺术、时装设计、演艺等众多设计、创意机构的驻地。

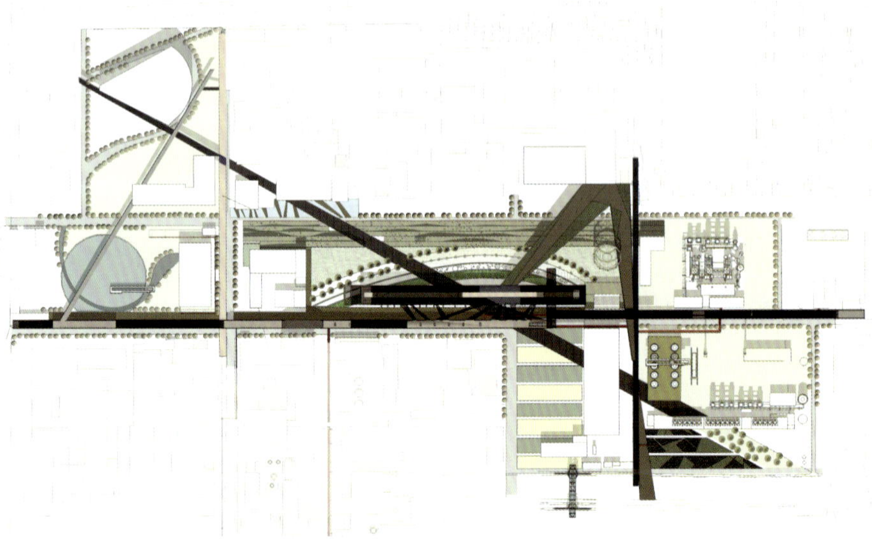

平面分布

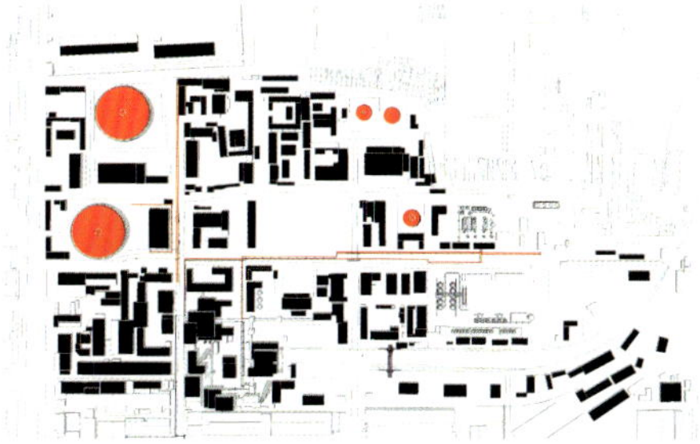

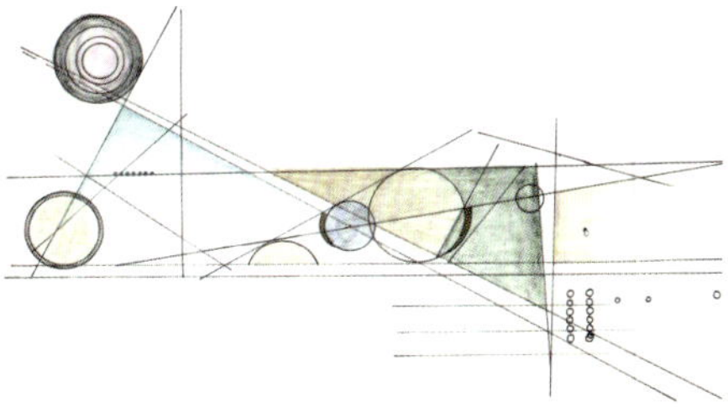

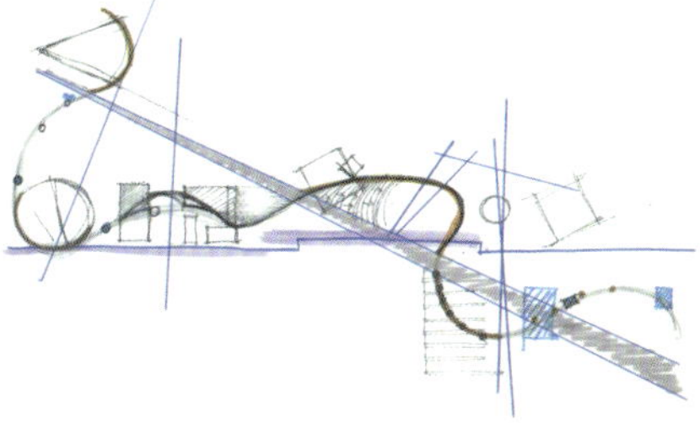

概念草图分析

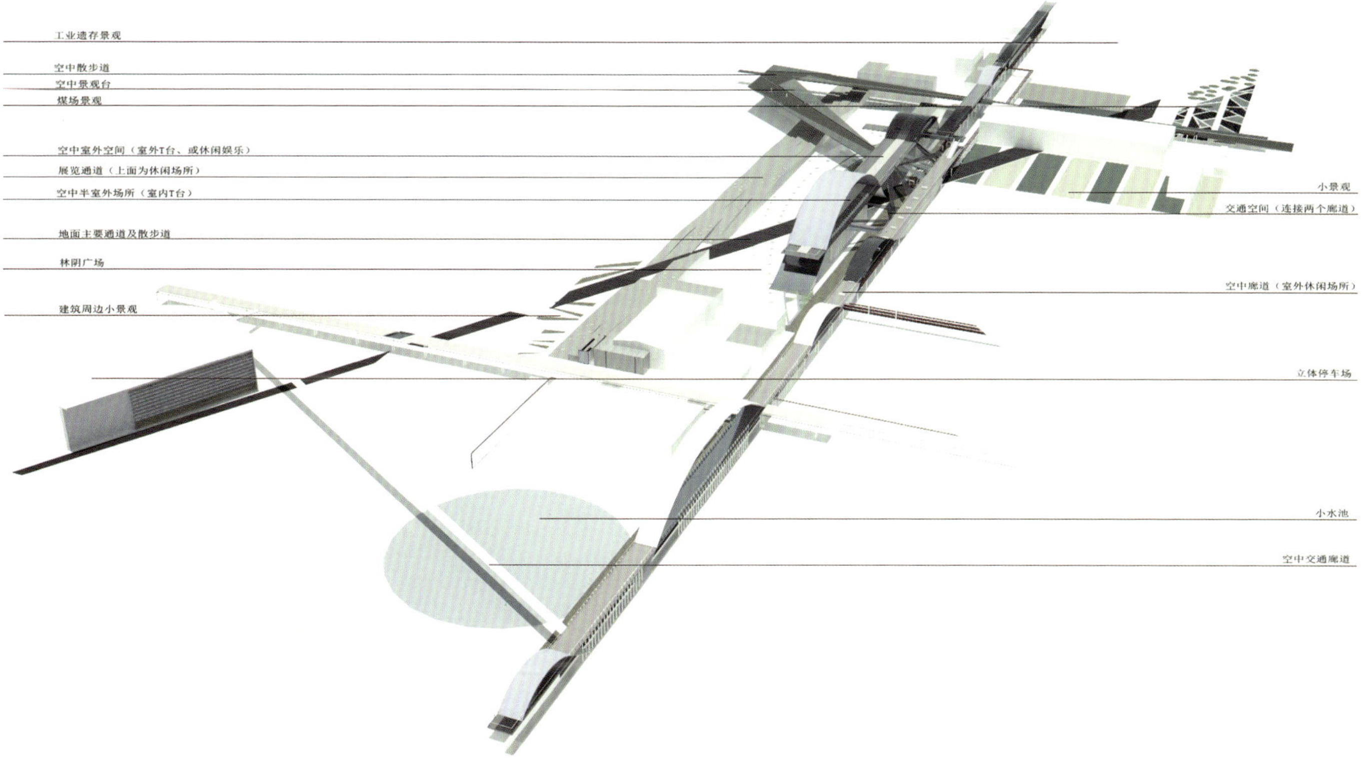

工业遗存景观
空中散步道
空中景观台
煤场景观
空中室外空间（室外T台、或休闲娱乐）
展览通道（上面为休闲场所）
空中半室外场所（室内T台）
地面主要通道及散步道
林荫广场
建筑周边小景观
小景观
交通空间（连接两个廊道）
空中廊道（室外休闲场所）
立体停车场
小水池
空中交通廊道

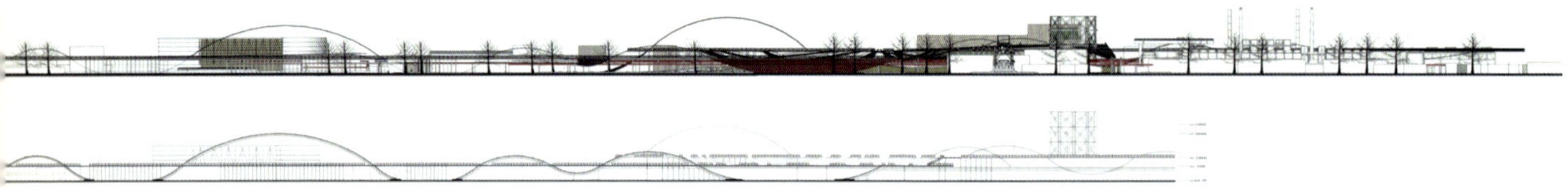

林荫广场

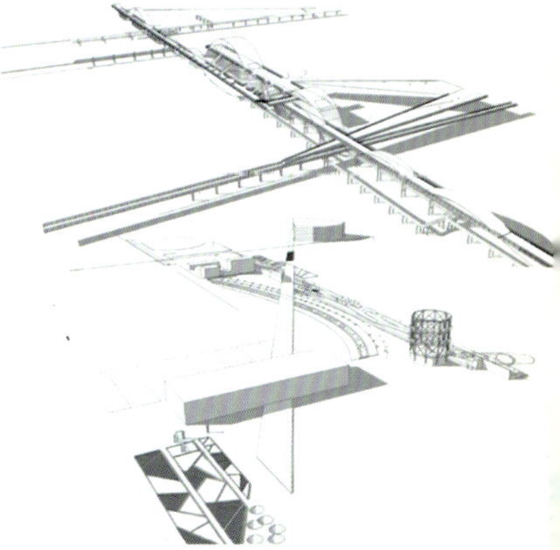

空中室外空间

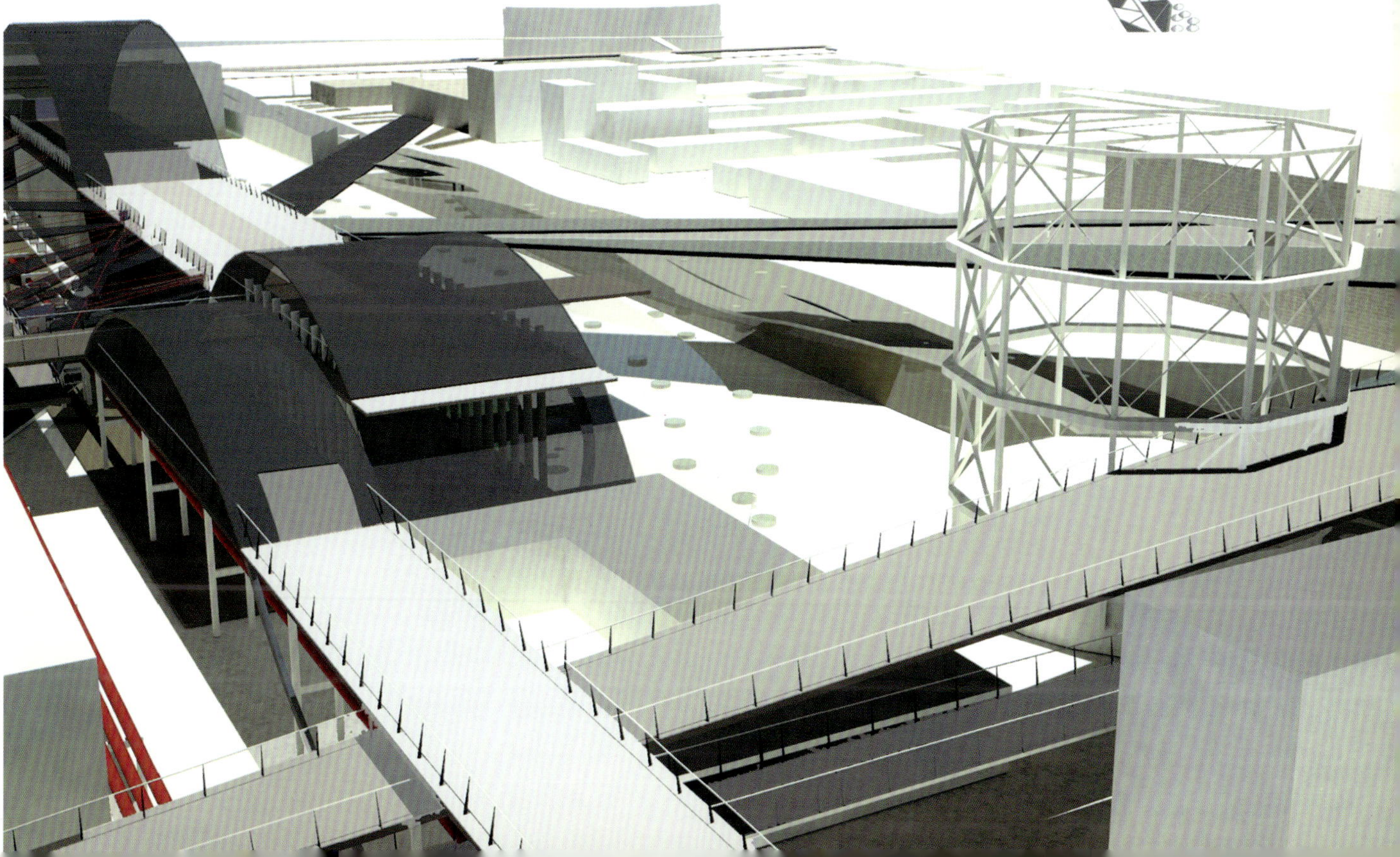

结合场地原有的工业遗迹，大型的圆形储罐，错综交叉的空中管道，采用构成主义的形式进行穿插、交叠，使平面具有绘画般的效果。

地面走廊

架空的廊道穿插交错

森林校园（二等奖）

山西大学校园景观设计

王小珊　中央美术学院

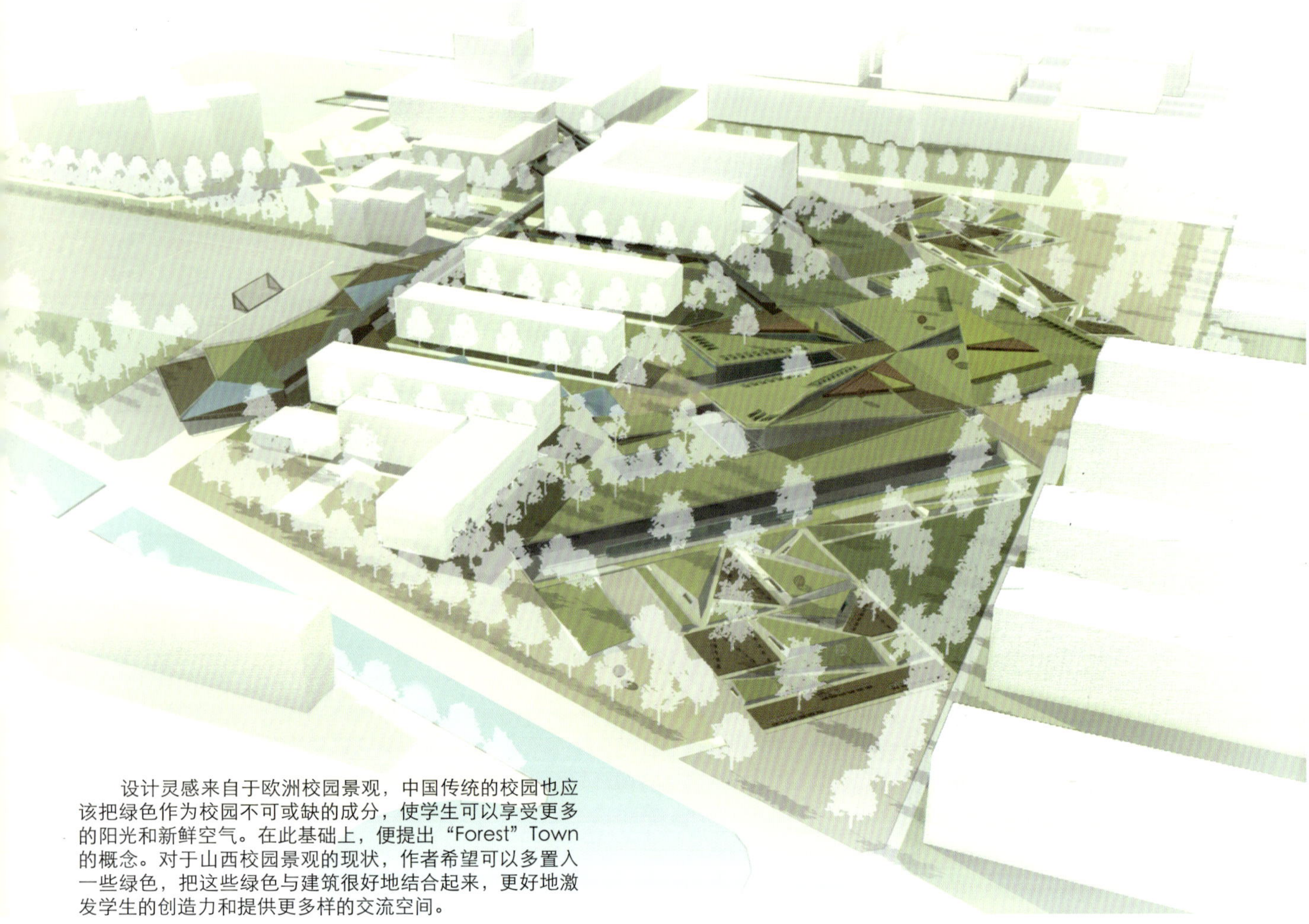

设计灵感来自于欧洲校园景观，中国传统的校园也应该把绿色作为校园不可或缺的成分，使学生可以享受更多的阳光和新鲜空气。在此基础上，便提出“Forest”Town的概念。对于山西校园景观的现状，作者希望可以多置入一些绿色，把这些绿色与建筑很好地结合起来，更好地激发学生的创造力和提供更多样的交流空间。

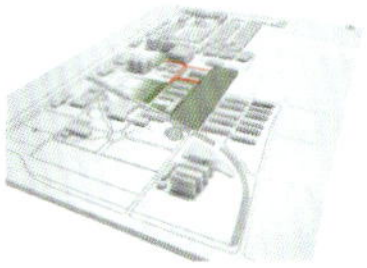

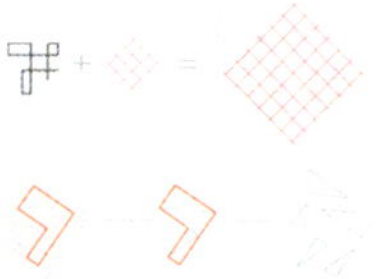

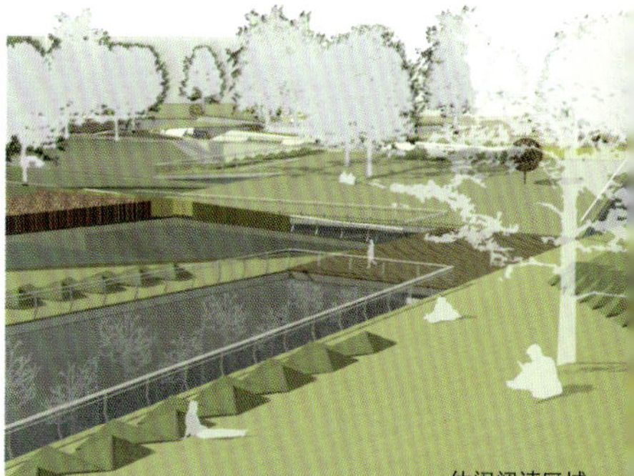

休闲阅读区域

曲折走廊

中心广场

规划设计概念

本次规划设计分为以下 4 个部分:

1. Structure: 以一个覆土建筑为主要构筑物;
2. Bridge: 用廊道连接把周边建筑与主体建筑连接;
3. Platform: 在与运动场交接区域设置看台;
4. Green Space: 在主体建筑周边做景观设计。

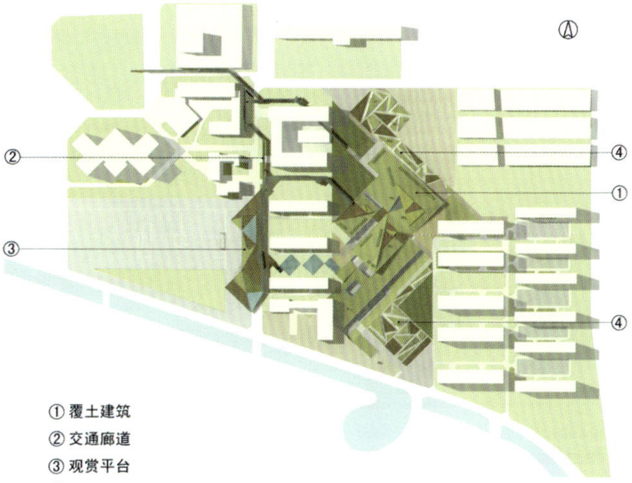

总平面图 1：10000

广场细部1

广场细部2

广场细部3

校园夜景

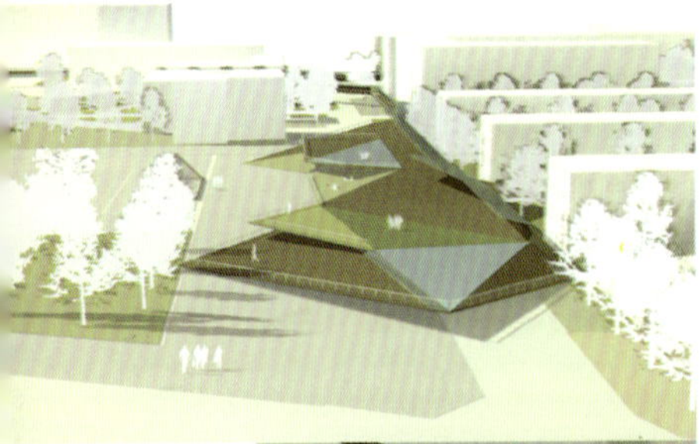

覆土建筑

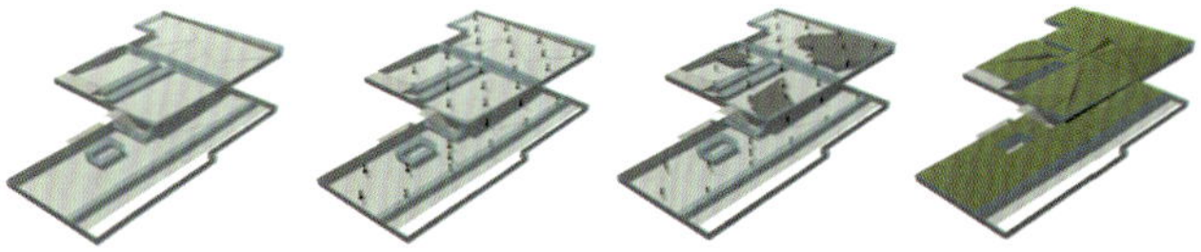

建筑设计概念

出于对山西地方气候和传统建筑特点的分析，建筑物的形式选择覆土建筑。将主体建筑藏在地下，不但在生态上可以局部改善校园环境，对建筑本身也是一种能源的节约。在屋面之上可以种植植物，实现空中绿化。

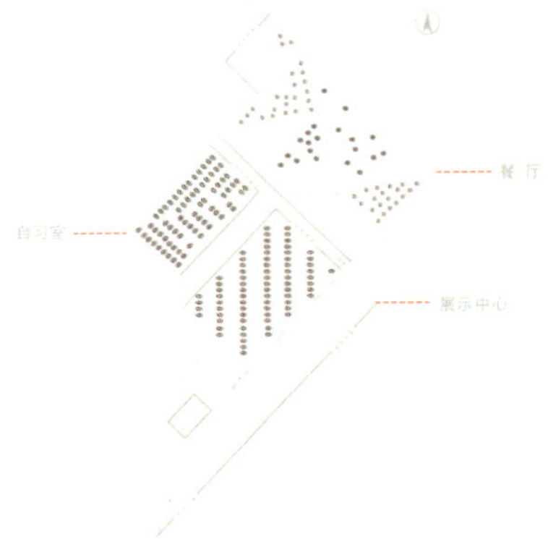

地下一层平面图 1:7500

一层平面图 1:7500

屋顶平面图 1:7500

覆土建筑室内景观

阳光洒在我的脸上
呼吸着新鲜的空气
享受知识
感受生活……

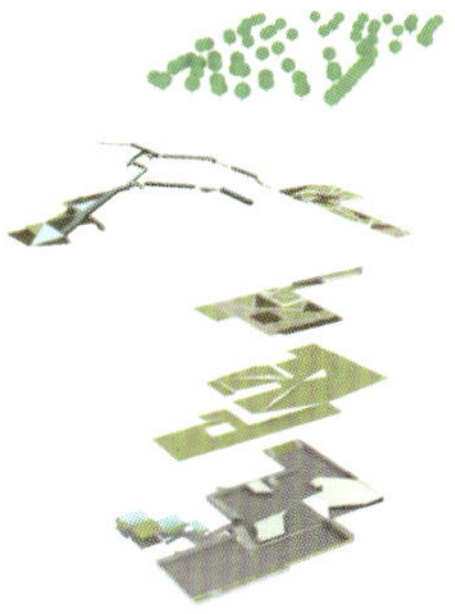

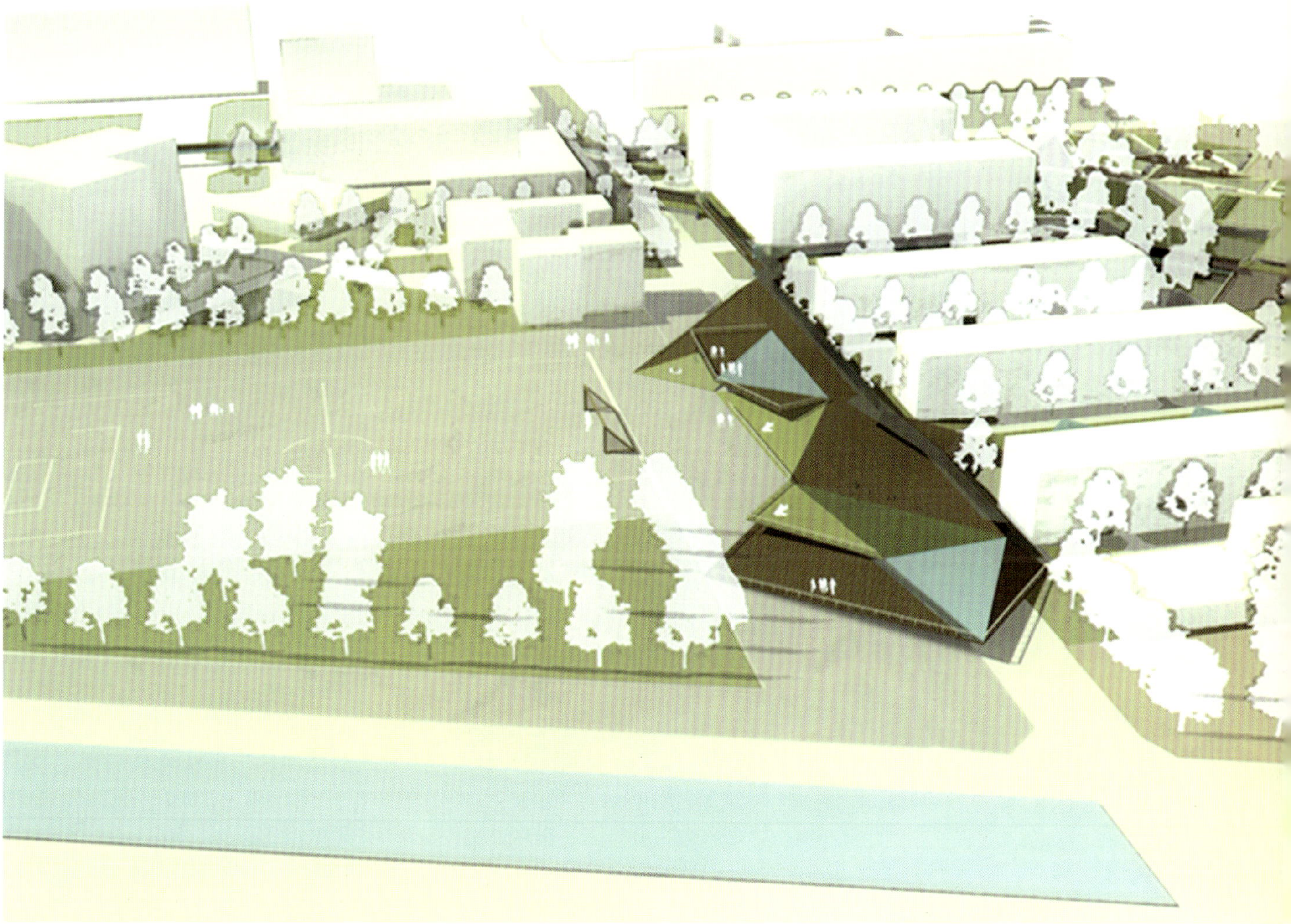

三等奖作品

拿水说事（三等奖）

广东三水老鸦洲景观规划设计

刘喜瑞　中央美术学院

近年来，洪水灾害是世界上最严重的自然灾害之一，洪水往往分布在人口稠密、农业垦殖度高、江河湖泊集中、降雨充沛的地方，而且大多都会造成很大经济损失，甚至于威胁生命财产安全。

三水区位于广东省中部，珠江三角洲西北端，因西江、北江、绥江在境内汇流，故名三水。全市总面积 874 平方公里，辖 11 个镇（区），总人口 37 万。

现状调研分析

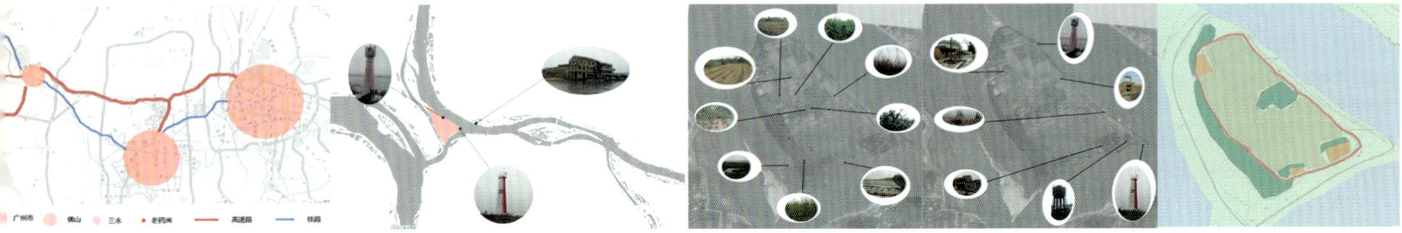

区域内问题综合分析

1. 本岛上人口稀少，以老年人为主； 2. 洪涝； 3. 公共设施不齐全（如学校）；4. 对外交通不便；
5. 岛内的经济结构单一。

设计原则：

1. 保护岛上原有生态基础设施，而且将其更加完善；2. 充分利用农业景观；
3. 引入新景观元素，新功能使岛具有活力、人气更佳。

景观规划设计分析

树林分析对比

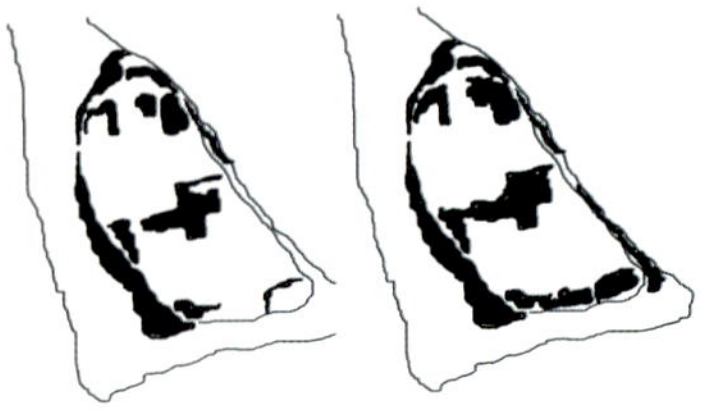

现状　　加强后

水位分析

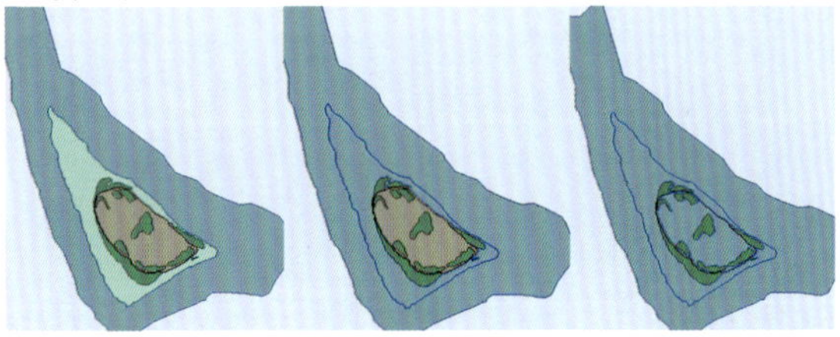

正常水位　　5年警戒水位　　50年洪涝水位

步道分析

原有道路　　规划后道路

房屋搞洪分析

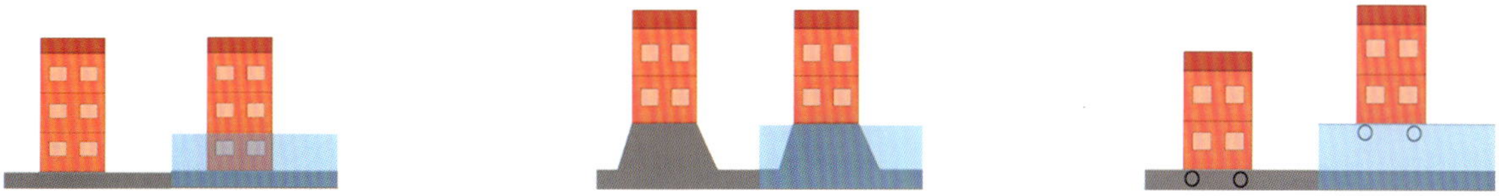

房屋搞洪分析

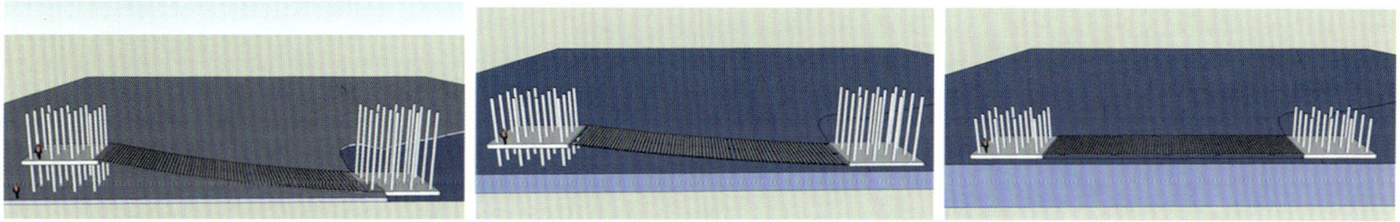

农作物各水生植物时季分析图

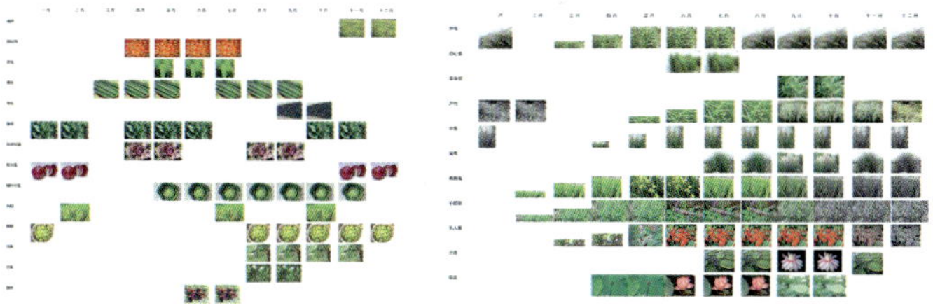

水平竖向结构分析图

区域内问题综合分析

通过对现场的调研分析，运用自然式、几何式处理手法来创造一个健康、安全、宜人的生态景观，把景观当成一个整体而设计，让其成为一个系统（即景观格局），不断地为使用者提供生态服务；把景观当成一个符号去设计，因为它随着使用者的发展而发展，它含有人类的故事，是文化积淀；景观不仅仅是自然系统、文化符号，更需要人的参与，这也是真正的以人为本的表现。

设计过程草图

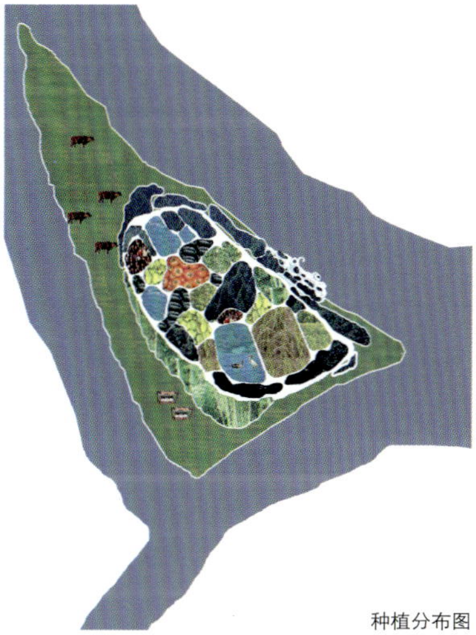

种植分布图

景观规划设计分析

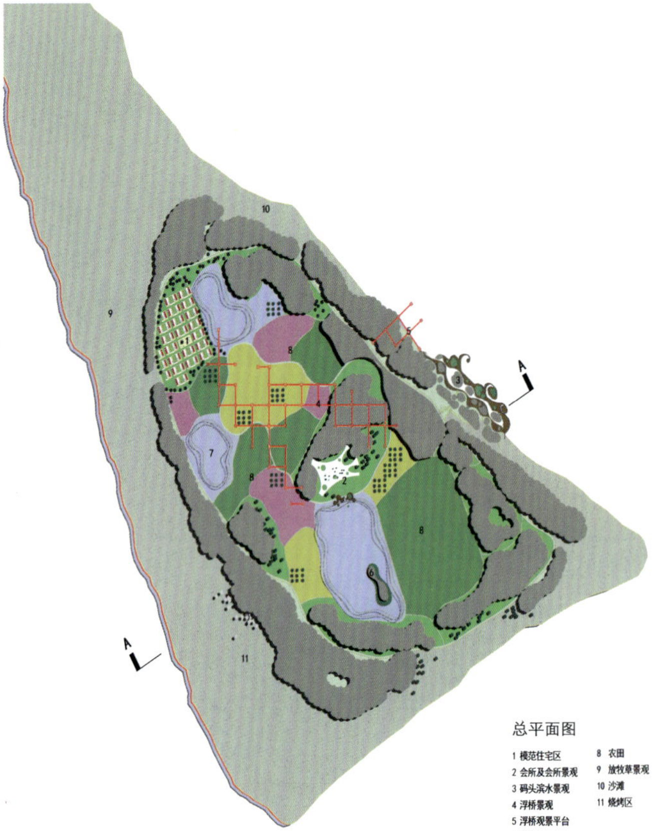

总平面图

1 模范住宅区
2 会所及会所景观
3 码头滨水景观
4 浮桥景观
5 浮桥观景平台
6 鸟岛
7 污水处理区
8 农田
9 放牧草景观
10 沙滩
11 烧烤区

0 40 80 120 160 m

观景浮桥效果图

采摘园效果图

沙滩效果图

沙滩效果图

怀疑

1．现状调研、分析全面吗？
2．有生活污水处理系统吗？
3．居民浮房、景观浮桥合理吗？
4．这些处理手法真正适合这块吗？
5．为什么要向这块注入活力，进行开发？就是因为现在相当衰败吗？

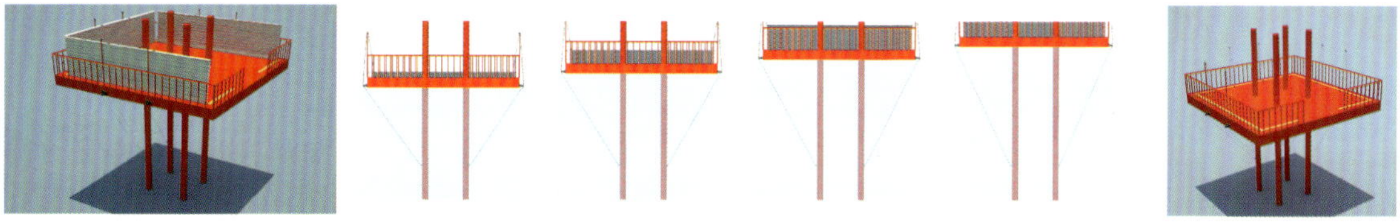

浮桥升降分析图

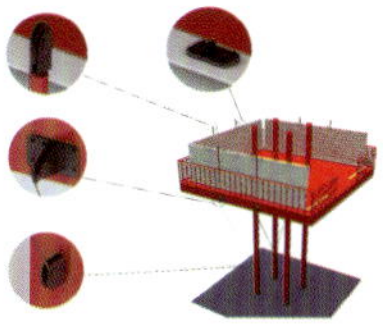

浮桥升降分析图

建筑效果图

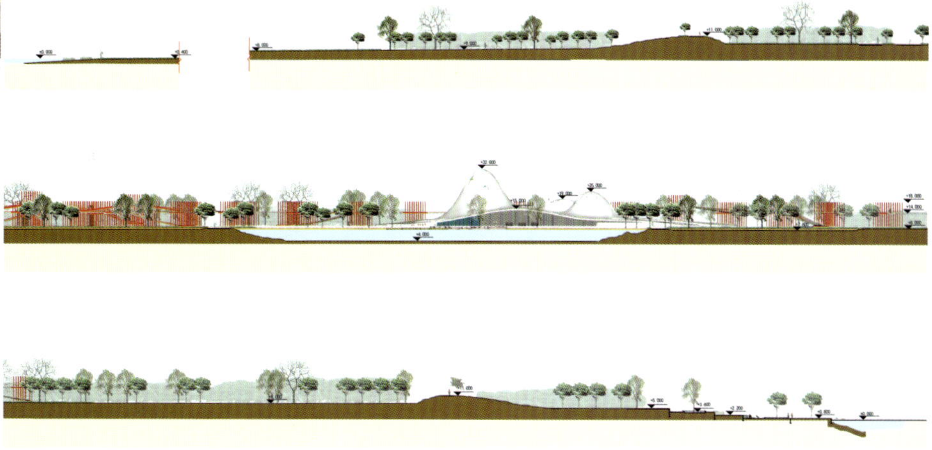

剖面图

在适宜性景观规划设计时，用多种方法去讨论问题，强调问题的多解性，这也是我在做毕业设计时的主导思想，在设计将近结束时，总结这段时间的成果，但同时又用怀疑的态度去思考设计，去辩证地否定设计，这种否定不是完全否定，而肯定的否定，既变革又继承，既克服又保留，让适宜性景观规划设计更加适宜，使人类与自然环境的关系更加协调。

会所景观效果图

建筑时间轴（三等奖）

北京751建筑景观综合合改造设计

于江涛　中央美术学院

北京 751 厂位于北京酒仙桥路，由原民主德国设计、施工，主要承担北京三分之一的煤气供应，“煤改气”使它在 2003 年停产。而今，751 厂需要 一个新的名片。

我用三个力来表示：

引力

1. 来源于——工业遗迹，大厂房空间；
2. 人群——有目的——主动；
   无目的——被动（两种不同的行为方式）。
3. 历史文化价值。

阻力

1. 交通系统不流畅；
2. 公共设施不完善；
3. 建筑肌理不美观；
4. 交流空间缺乏。

动力

1. 新的产业加入；
2. 环境系统改善；
3. 配套的功能设施。

这三个力其实从侧面反映了 751 的发展历程，如果把 751 的发展看成一个时间曲线，那么对它的改造就是这条时间曲线上的一点我把它称作“穿梭在时间曲线上的建筑”。

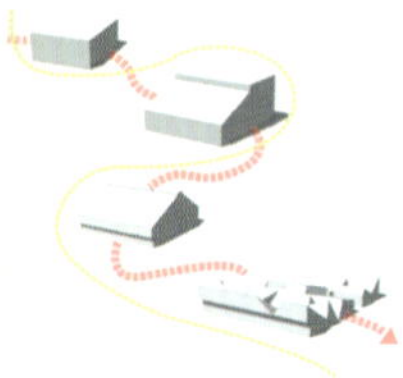

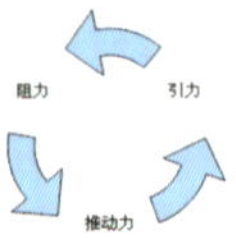

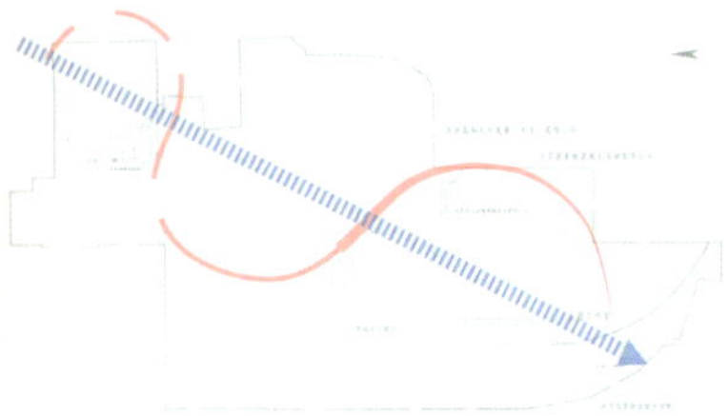

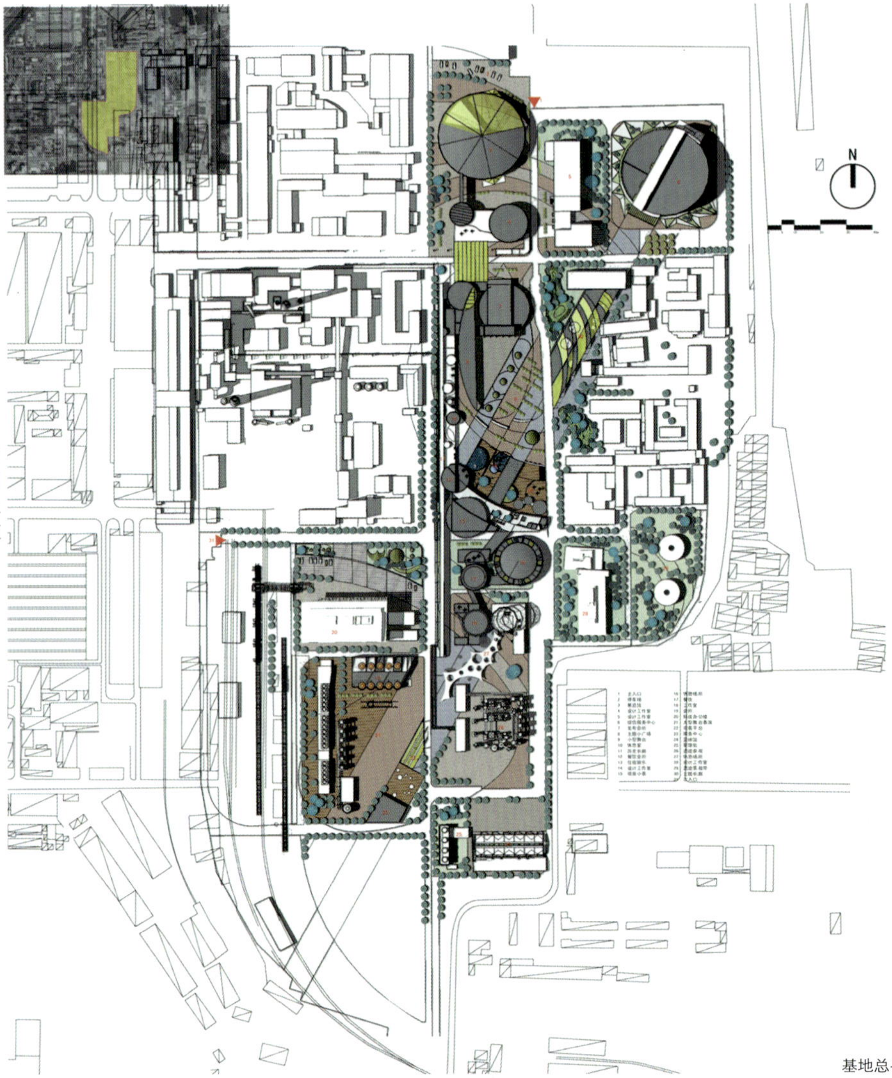

基地总平面

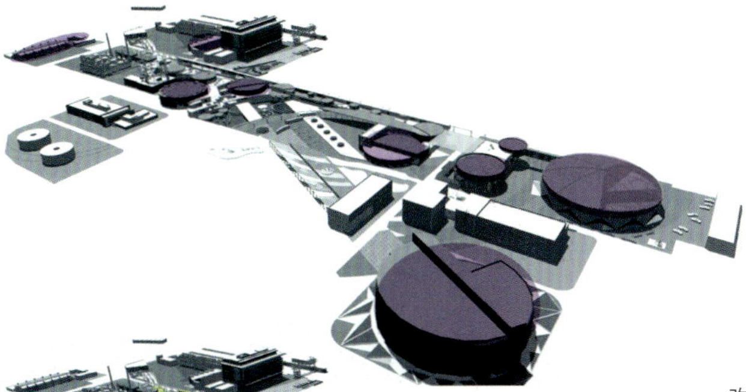

改造建筑

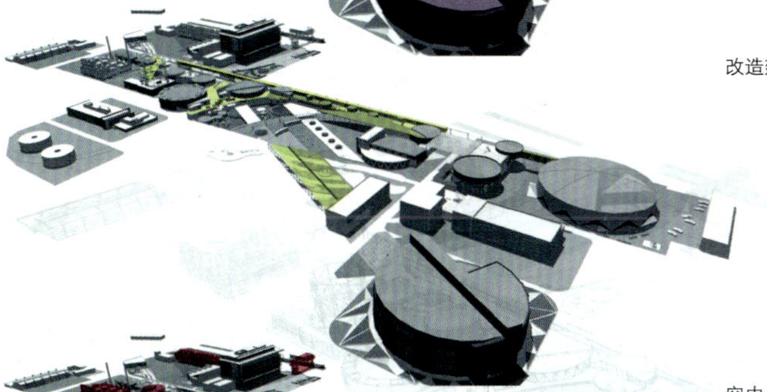

空中步道和桁架

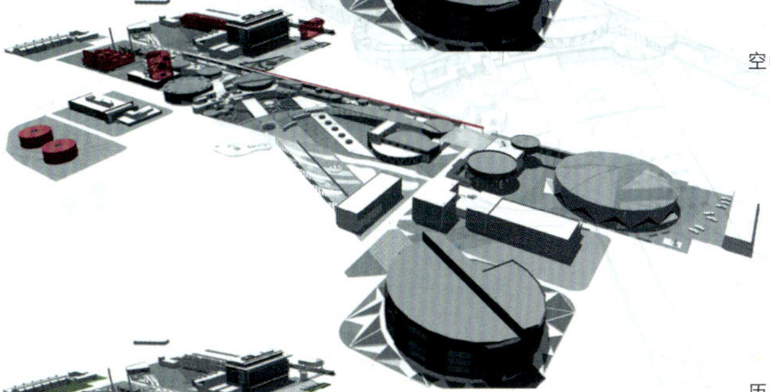

历史遗迹观赏

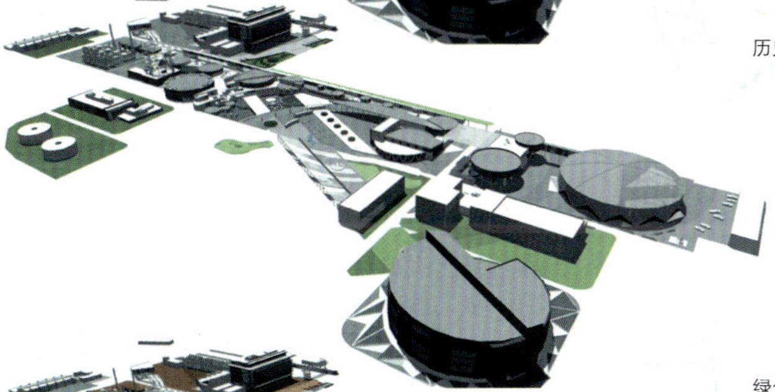

绿化

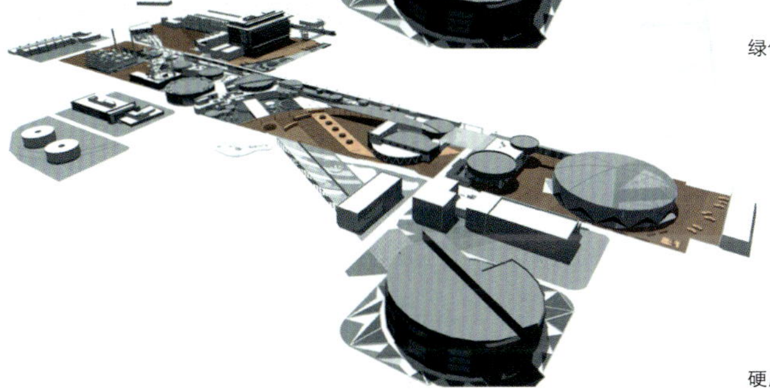

硬质铺装

局部鸟瞰

二层空中步道

多功能服务中心

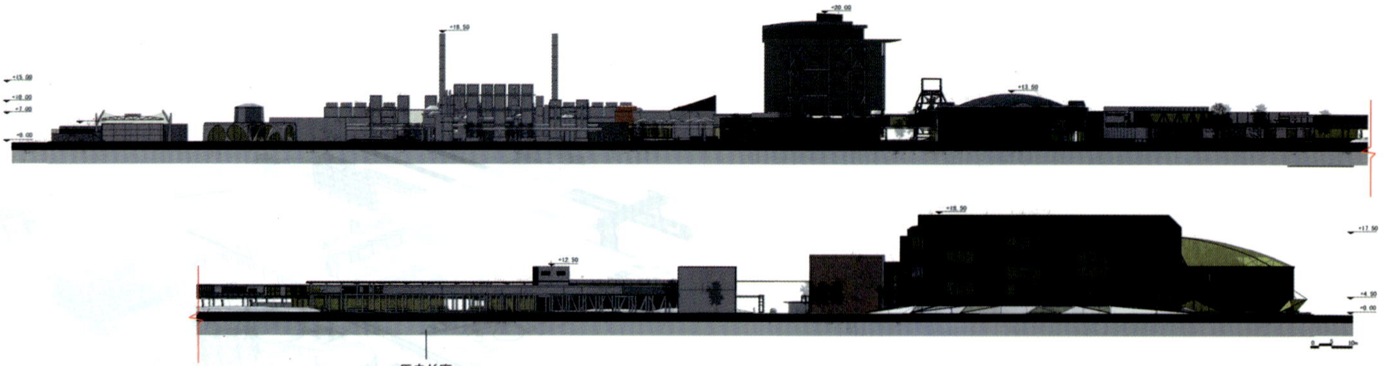
历史长廊

东立面

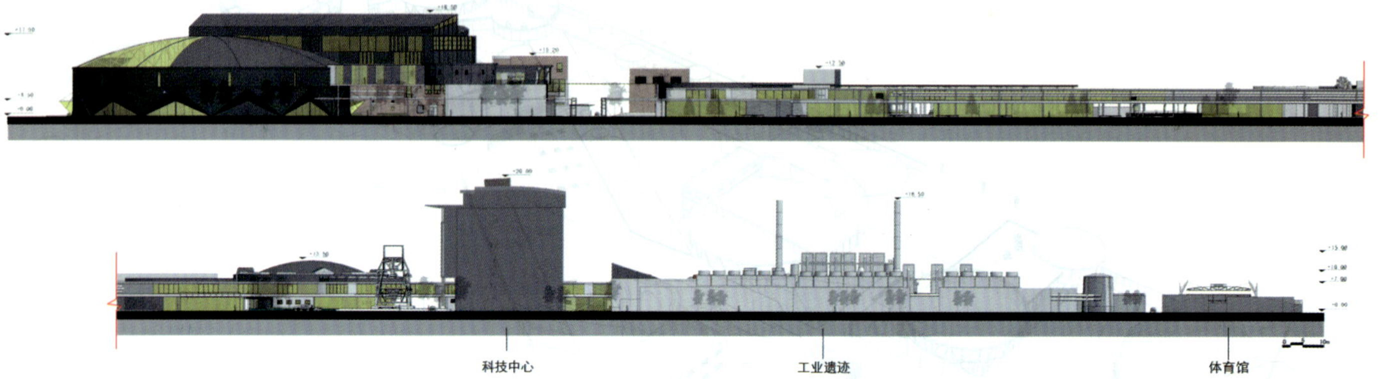
科技中心
工业遗迹
体育馆

西立面

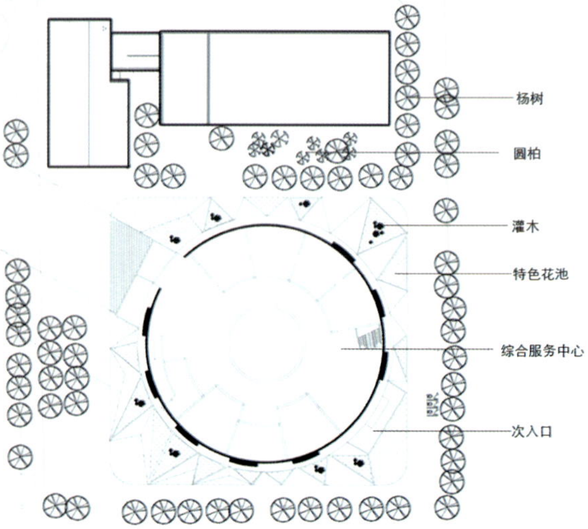
杨树
圆柏
灌木
特色花池
综合服务中心
次入口

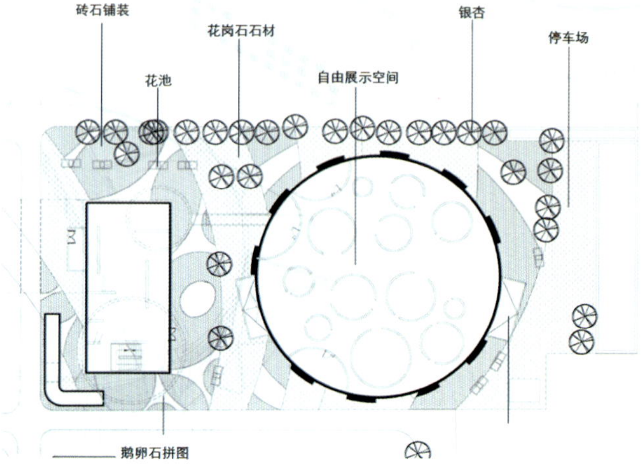
砖石铺装
花岗石石材
银杏
停车场
花池
自由展示空间
鹅卵石拼图

分析建筑形体关系

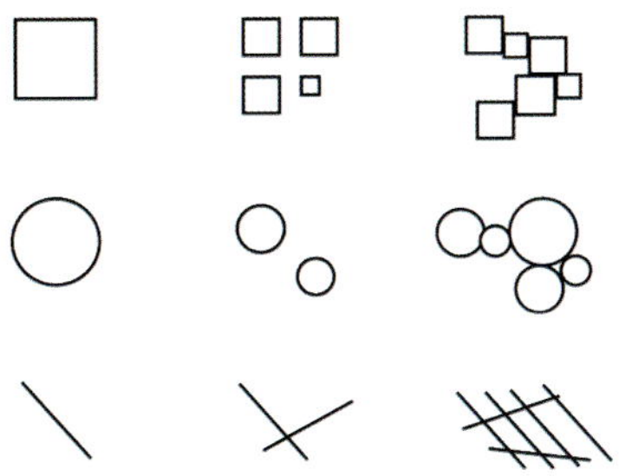

工业遗存景观

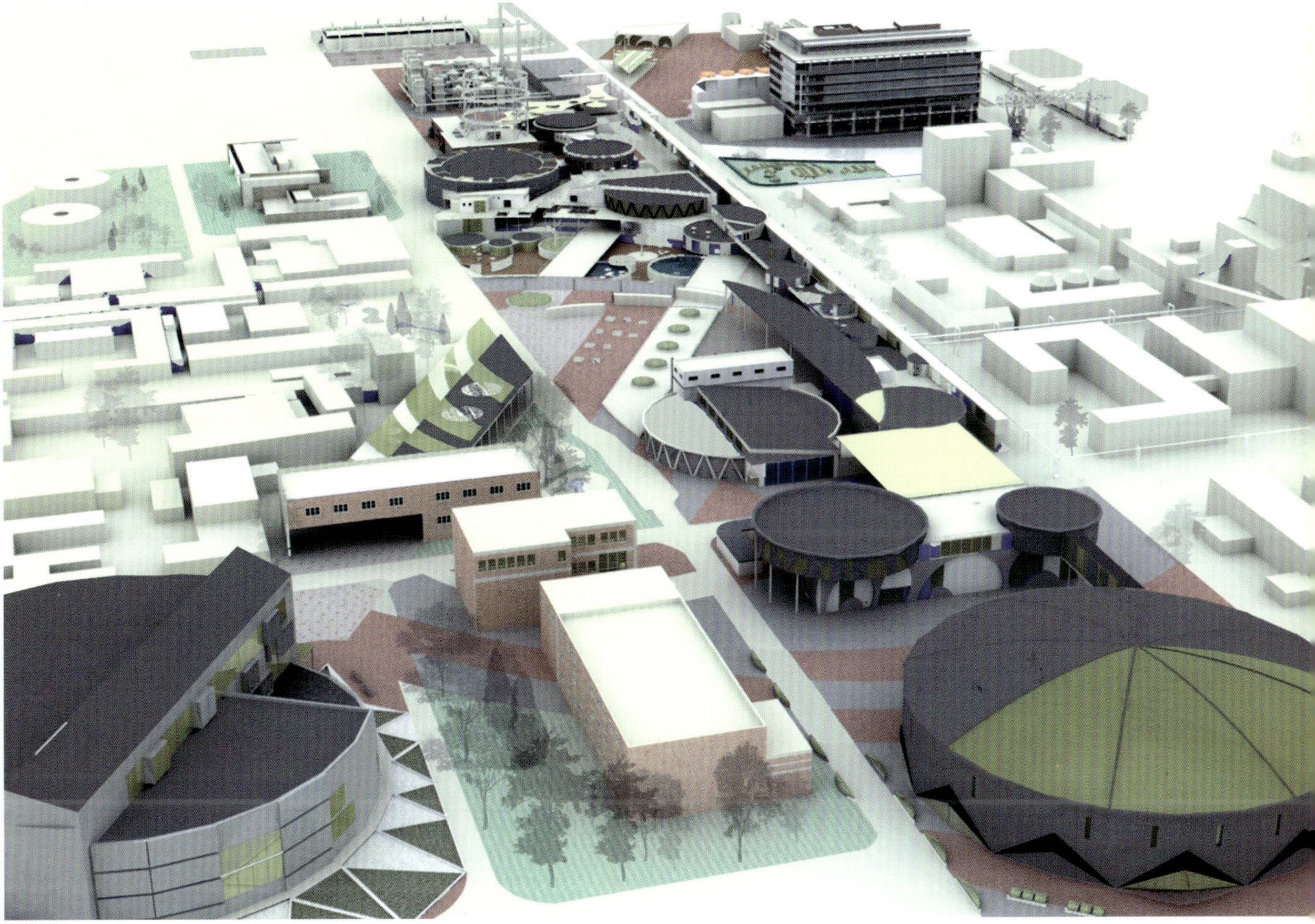

工业管道景观

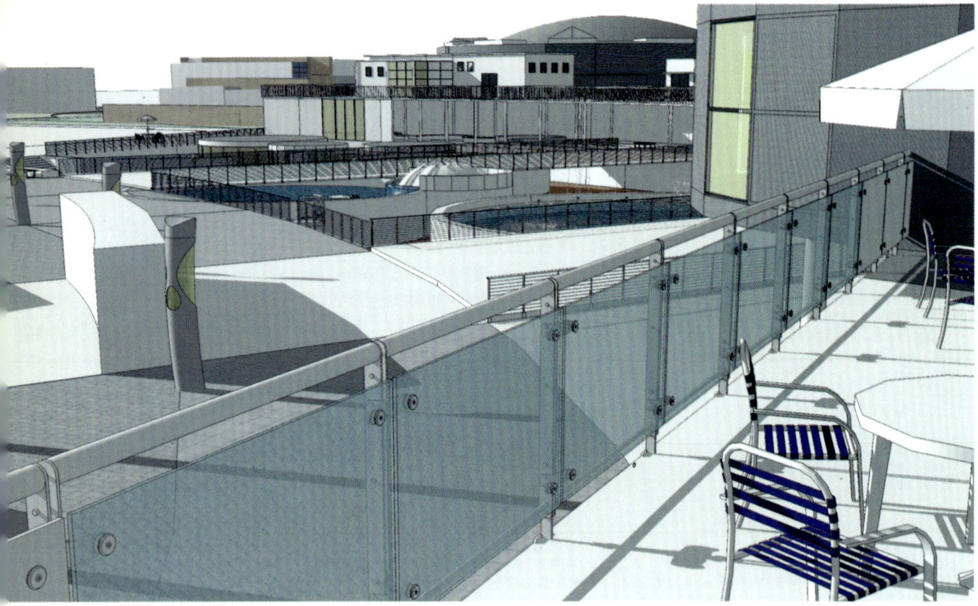

广场鸟瞰

建筑外观

半开放室内空间

工业遗存区改造景观

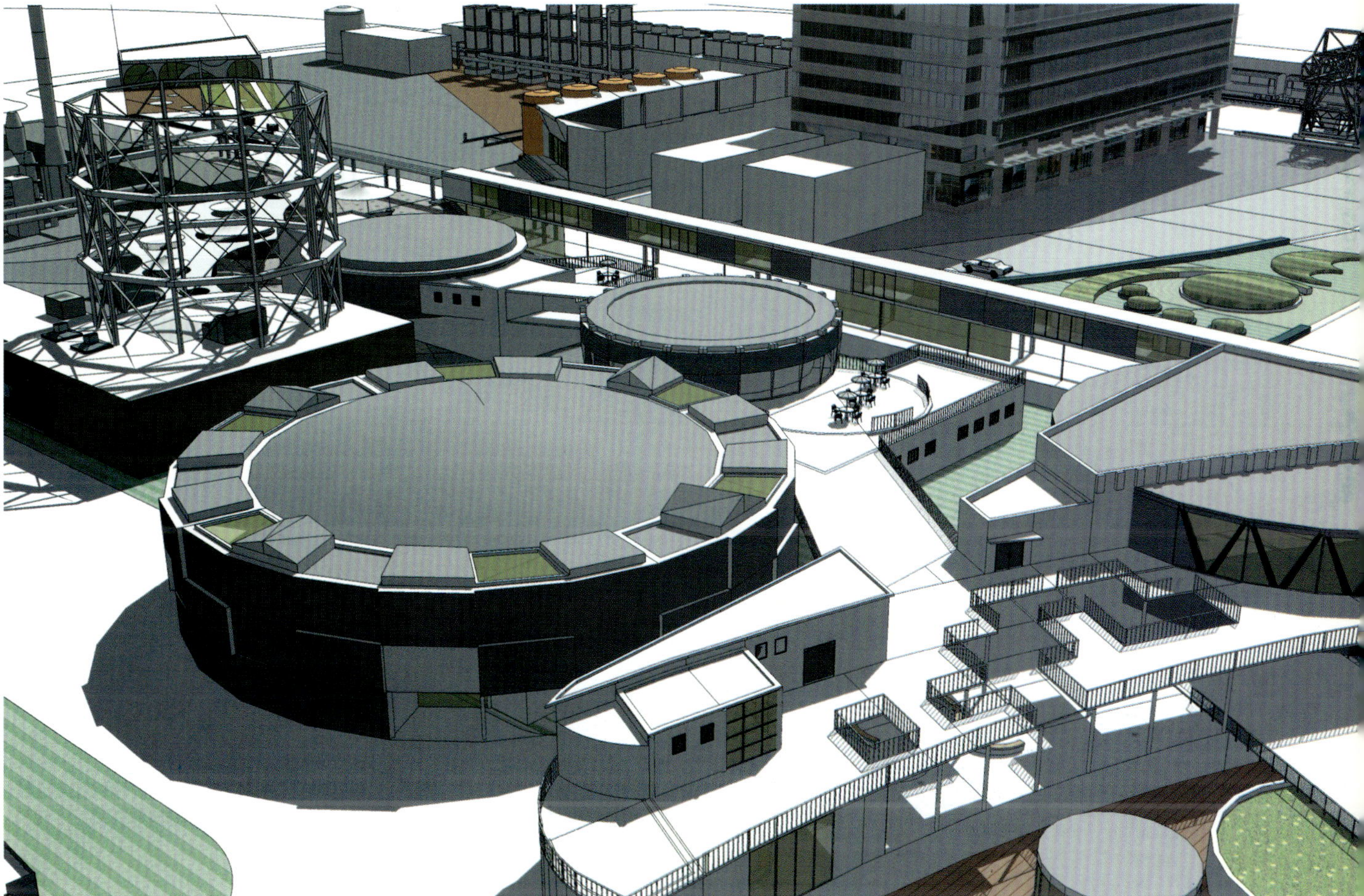

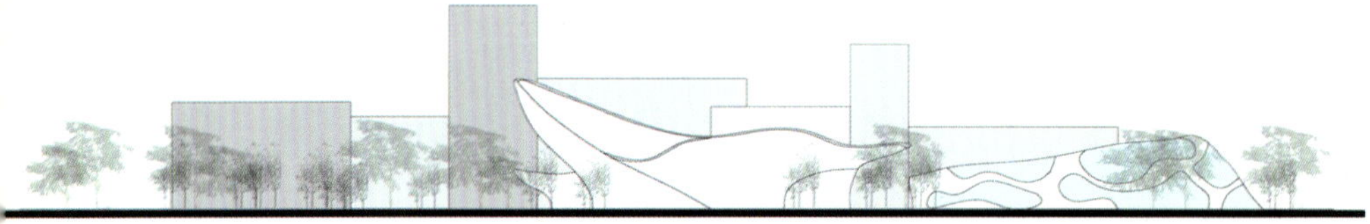

西立面

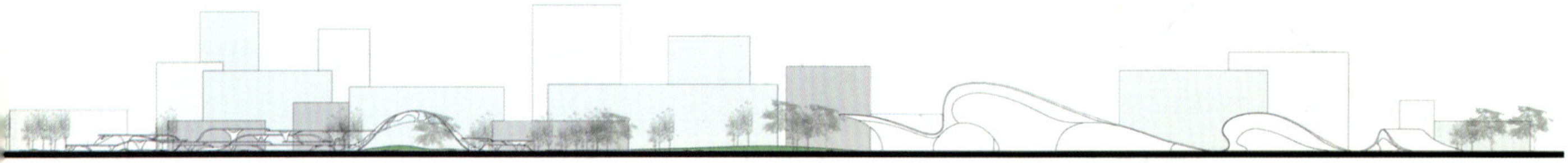

北立面

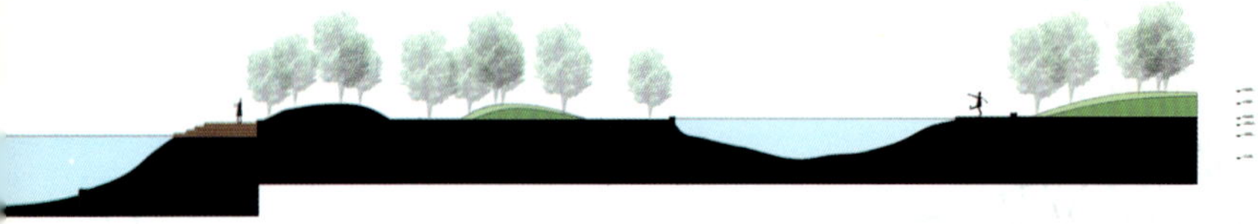

剖面A-A'

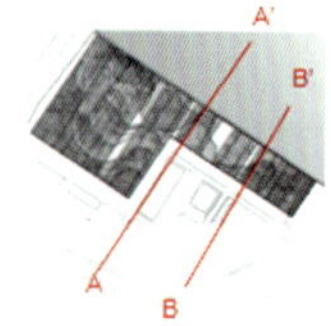

剖面B-B'

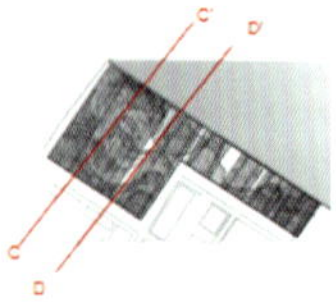

剖面C-C'

剖面D-D'

空间丰富，自由的交通，景观，活动形式，也将使人们更能有体验感，人在行走体验过程中在意想不到的交叉点会碰见不同的人，新鲜的事物，创造更多随机的体验刺激。

自然 景观节点（三等奖）

合肥市北城新区梅冲湖地块景观规划设计

万铮　中央美术学院

梅冲湖位于合肥市北城新区内，为以生态农业为主的观光种植园及湿地保护公园。本次设计发掘徽州地域文化，用现代设计手法解构，将之糅合围一个个具有现代生活气息的景观节点，丰富设计区域的组织结构，在传统园林的概念上提炼出景观链的概念，设计出具有地域性的视觉景观。

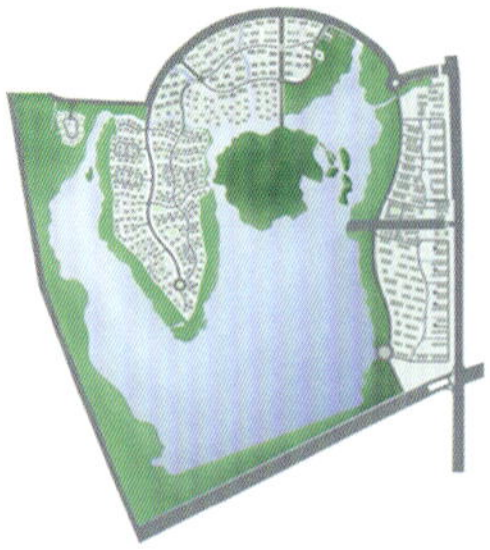

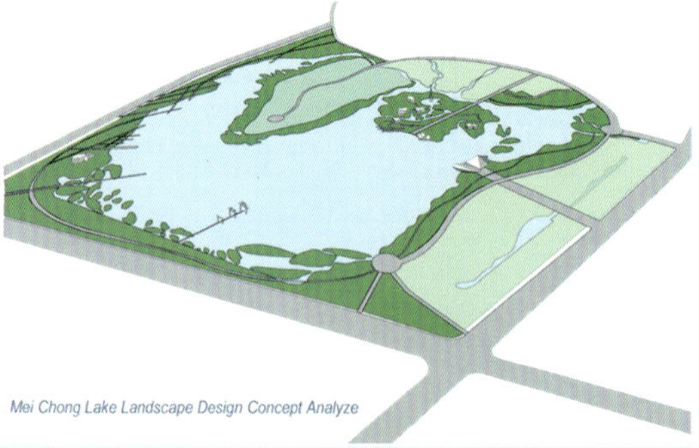

梅冲湖周边道路系统分析
The Analyze Of Road System

湖景鸟瞰

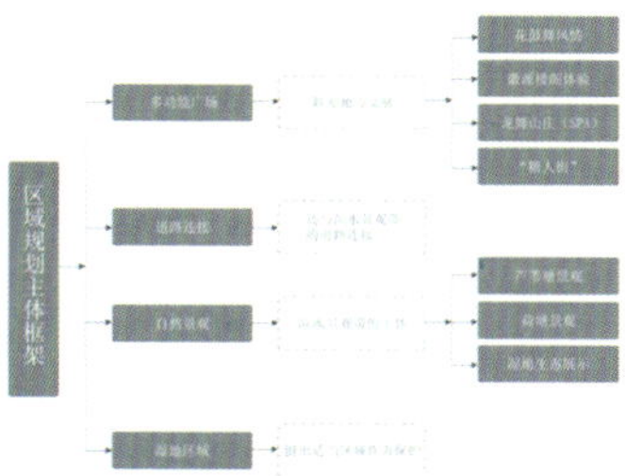

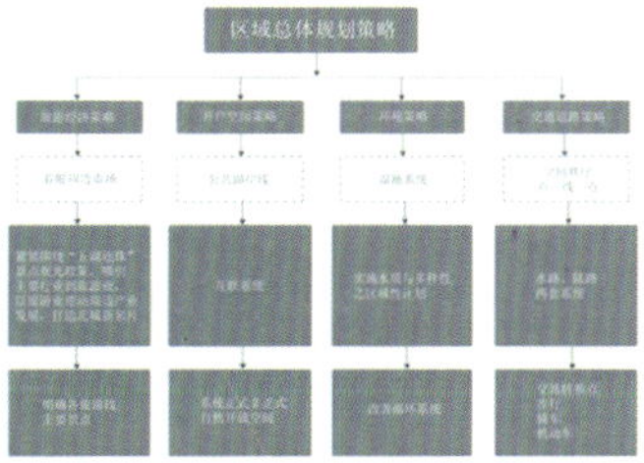

开放空间策略

公共湖岸线景观设计

——系列正式非正式自然开放空间

A. "水之舞"广场	L. 田园生态展示区
B. 线性生态园区	M. 阳光沙滩
C. 人工地形区	N. 特色地形
D. 迷宫娱乐区	O. 线性广场
E. 特色植被展示区	P. 滨水漫步道
F. 龙舞广场	Q. 生态田园
G. 雕塑公园	R. 文化景观盒
H. 休息景观区域	S. 水之生态盒
I. 水之坊巷	T. 文化会所
J. 芦苇塘	U. 原生态林地保护区
K. 荷花池	V. 景观塔

一级景点
二级景点
三级景点

交通路线策略

（空间秩序：点……线……点）

路线一	路线（步行）（Minute）	水路（Minute）
A.入口（Timecode）		
B.日光广场	9—12	
C.SPA温泉度假区	3—35	
D.景观廊	3	
E.线性湿地公广场	6—8	
F.滨水漫步道	2	
G.滨水广场	2—3	
H.水坊巷		10—15
I.文化"景观盒"		6—8
J.田园式度假会所		4—5
K.生态堤岸	7—8	
L.出口	15	

路线二	路线（步行）（Minute）	水路（Minute）
A.入口（Timecode）		
B."水之桥"广场	3—5	
C.线性生态园区	3	
D.人工地形区	3	
E.迷宫娱乐区	3	
F.舞龙广场	5	
G.生态林地	6	
H.雕塑园	4	
I.水之坊巷	7—10	
J.芦苇塘	3	
K.荷花池	5	
L.田园式度假会所	5—6	
M.生态滩涂	7—10	
N.阳光沙滩	4—6	
O.出口	7—10	

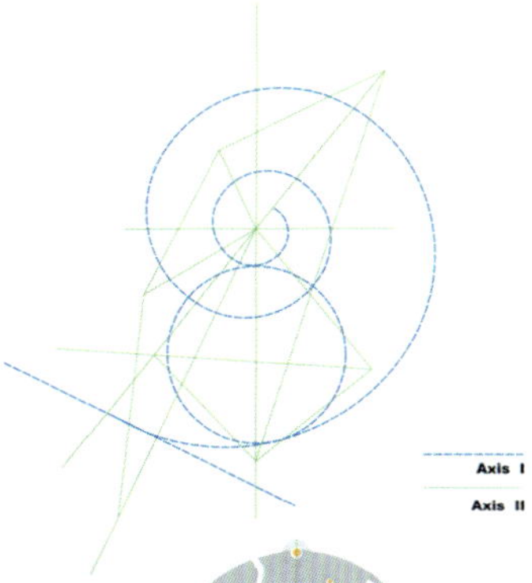

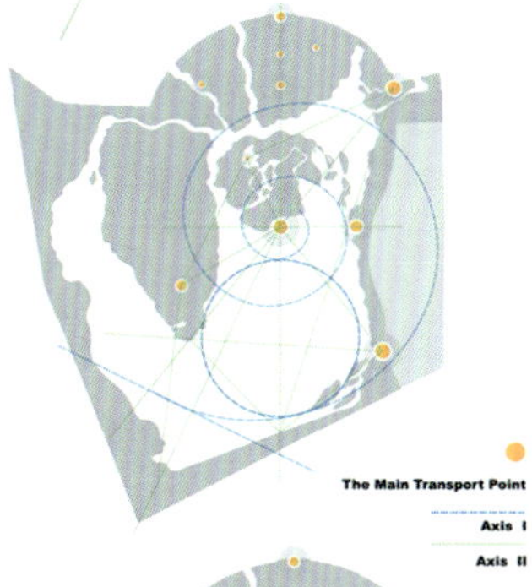

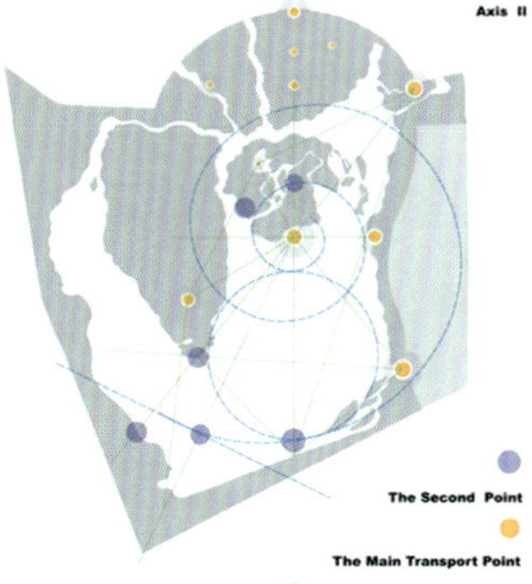

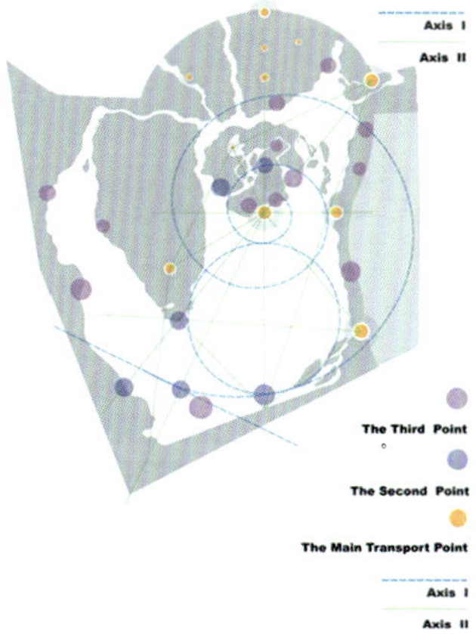

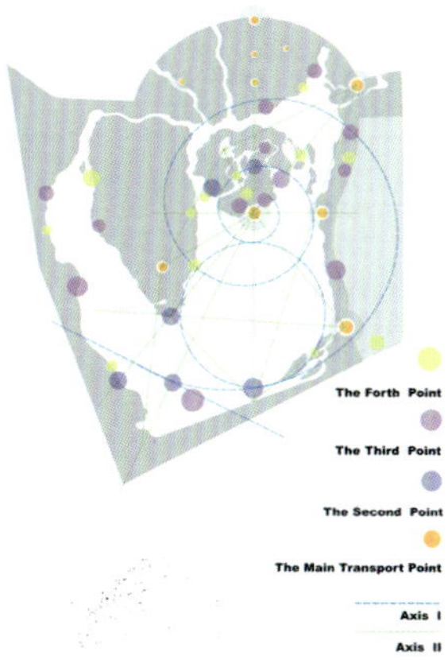

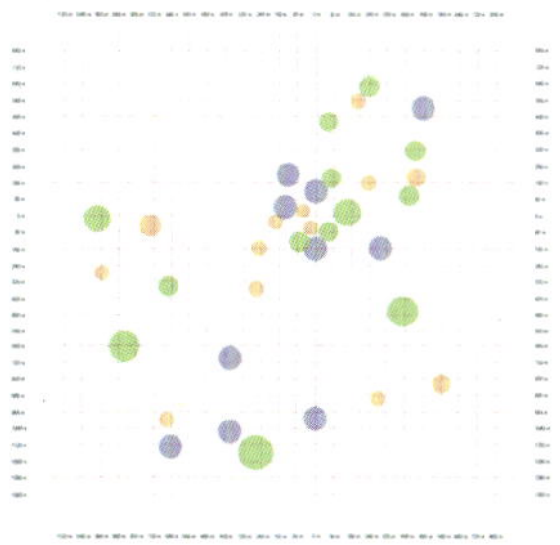

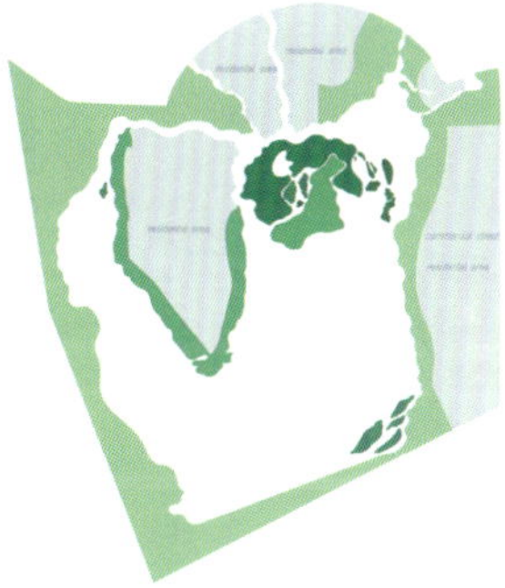

分析、总结、定位

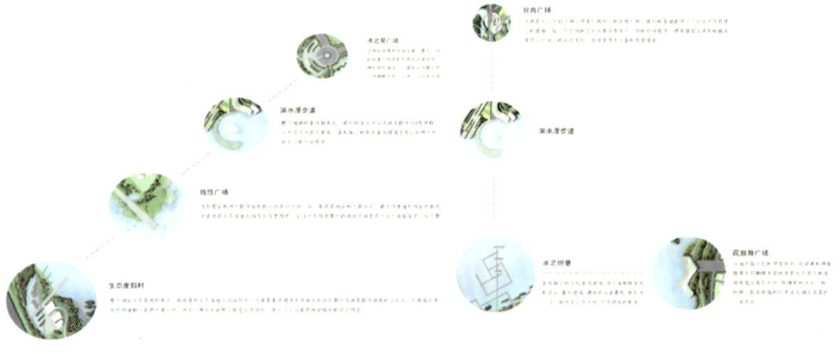

Mei Chong Lake Landscape Design Concept Analyze

别墅一景

SECTION A-A'

SECTION B-B'

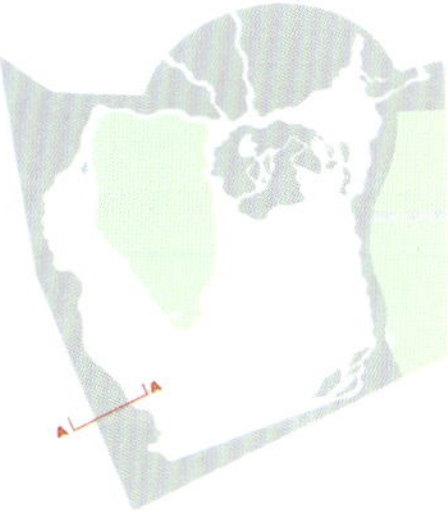

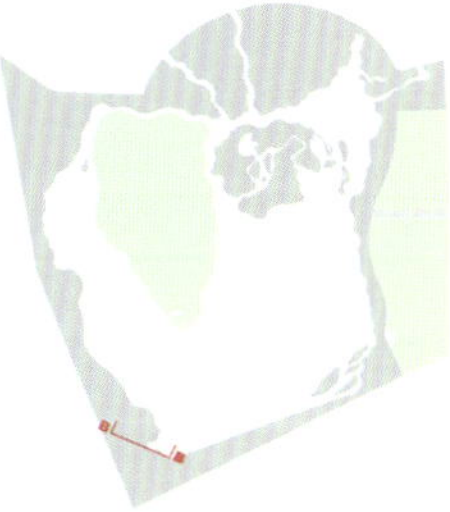

生命之源

水上廊道

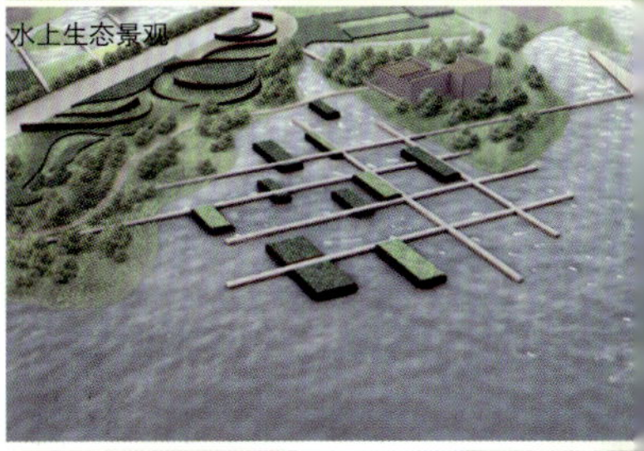

水上生态景观

湖滨小道

临湖别墅

Texture Regenerate（三等奖）

天津市津南区滨水园景观规划

沈宇　中央美术学院

“海河孕育，生态北石林”。天津是幸运的，是中国首都的门户，且素有“河海要冲”之称。天津沿着海河从古至今，不断飞速向前发展，城市的进程变化是世界有目共睹的。天津城市肌理的动态发展也是异常的丰富。

研究“城市肌理”，不难发现肌理是有着明显的时代地域特征。它们划分出了城市中不同类型的空间。而这种二维的抽象图案成为城市的第一识别要素。并且人人对于纹理组织、交通模式、居住密度的感知成了认知城市的主要途径。所以城市肌理体现城市特色，是城市最直观的识别性之一。城市肌理是对城市空间形态和特征的描述，肌理影响着城市经济、文化、交通，并潜移默化地影响着人们的行为模式及社会形态。

肌理再生成为这次设计的切入点和运用设计手段及方法。

肌理是我设计滨水区的切入点和突破口，也是我设计的主要运用手段与方法。但设计始终围绕着北石林海河文化和奇石文化。

进入滨水园主要接入点　　主要路线穿越地块　　与肌理结合

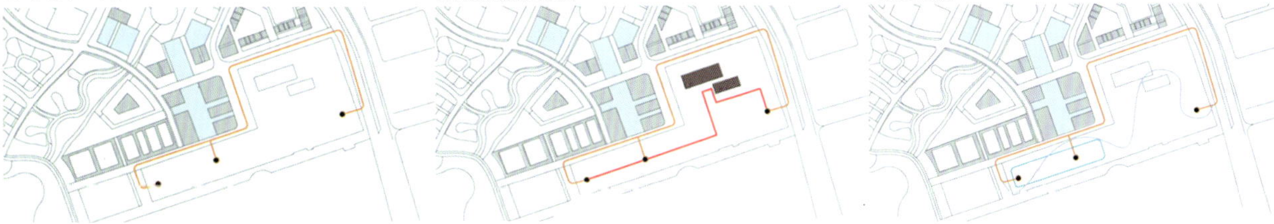

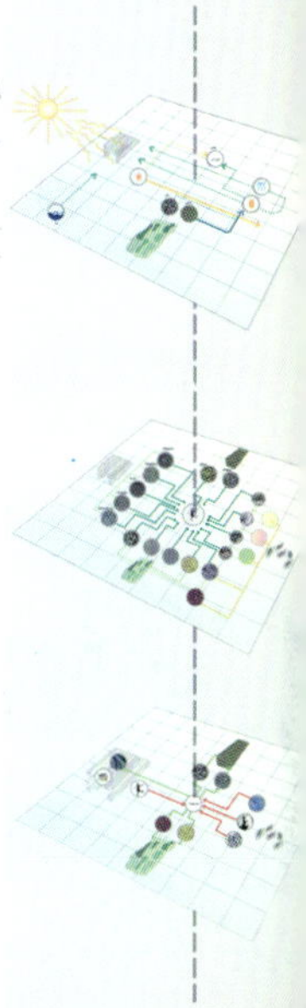

研究滨水语境中的肌理形态变化

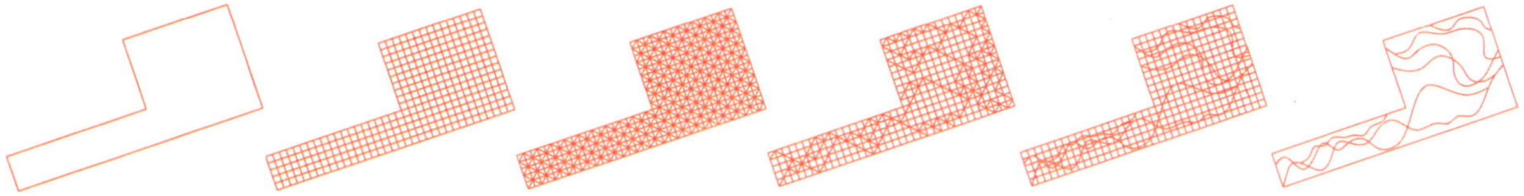

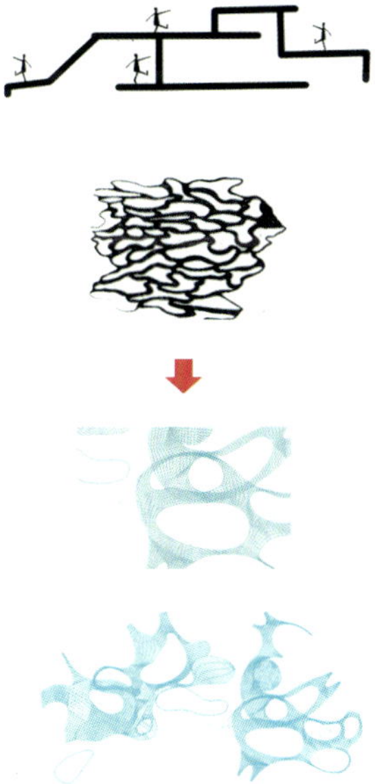

空间向竖向发展，缓解大量人流对场地的集中使用

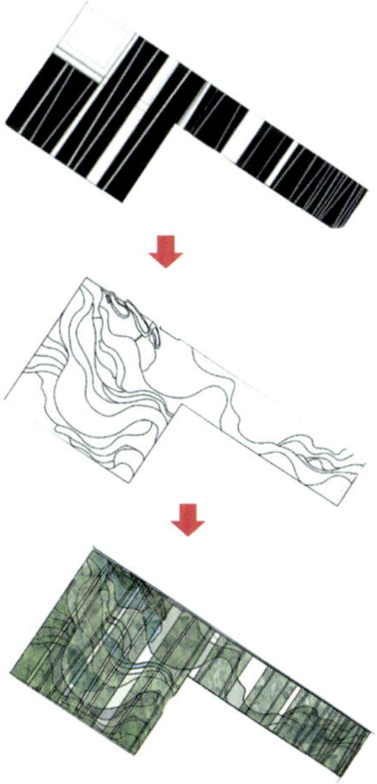

城市衍生的交通肌理与海潮肌理的叠加碰撞

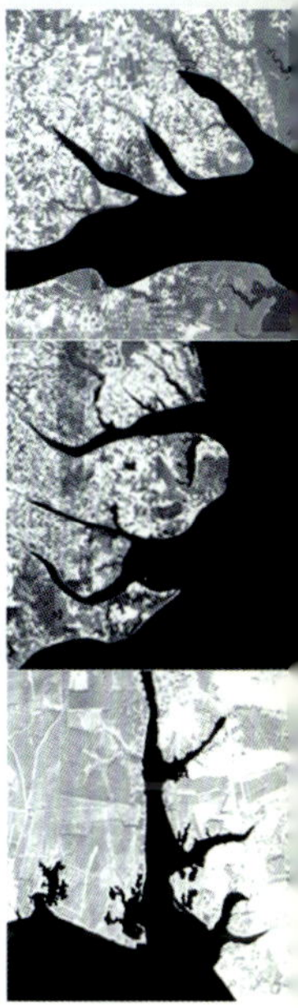

个性化阅读环境（三等奖）

图书馆室内设计

杨璇　清华大学美术学院

以大自然为概念设计公共图书馆，表现开阔的空间和视野。

天——地——河海，分别为文史类、理工类、艺术设计类三类空间。

理工类

思想来源——河流海洋

以折线以及弧线元素为主，折线形设计为焦点，将自习桌置于中间，同时考虑光线问题，减少空间阻挡，增加空间开阔性。

艺术设计类

思想来源——夕阳天空

以波浪形和圆形为主形，突出浪漫的感觉，红圆形书架为视觉中心，整体书架从中心两边呈由低向高设计，令空间视野开阔。

文史类

思想来源——植物大地

以线形元素为主，通过细柱的疏密排列分割空间，视觉中心为一棵树，突出绿色自然的主题，书桌安排在靠窗两侧，可以接收更长时间的自然光线。

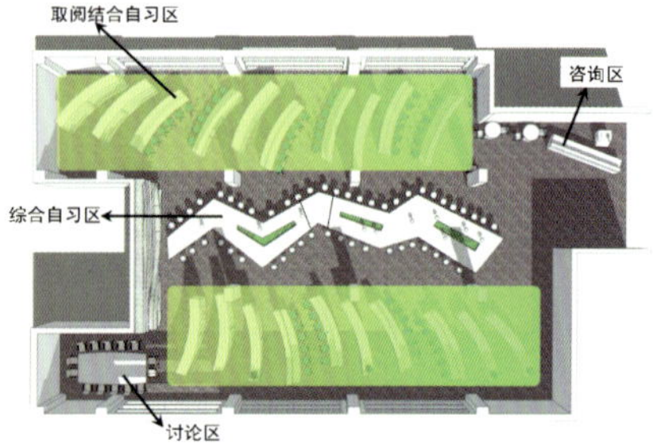

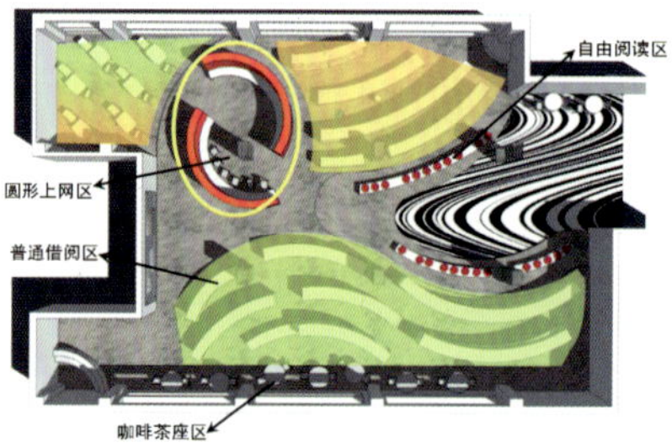

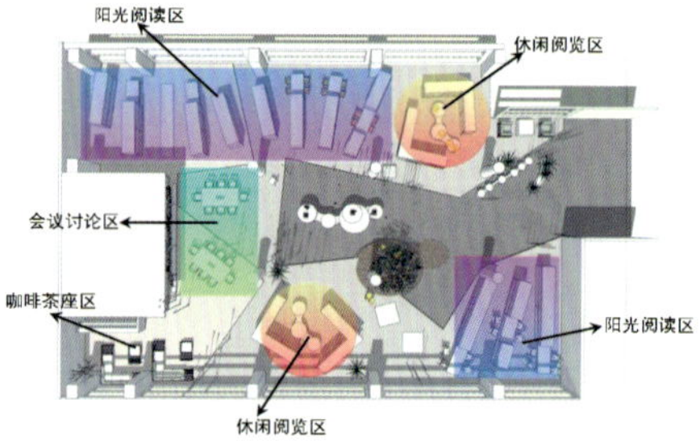

艺术类借阅空间

自由阅览区

文室类借阅空间

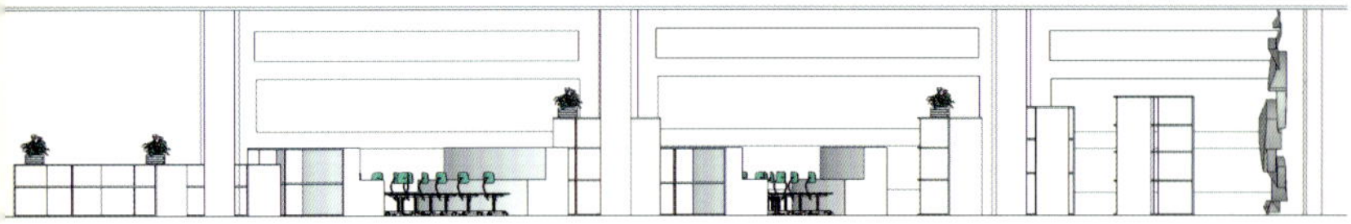

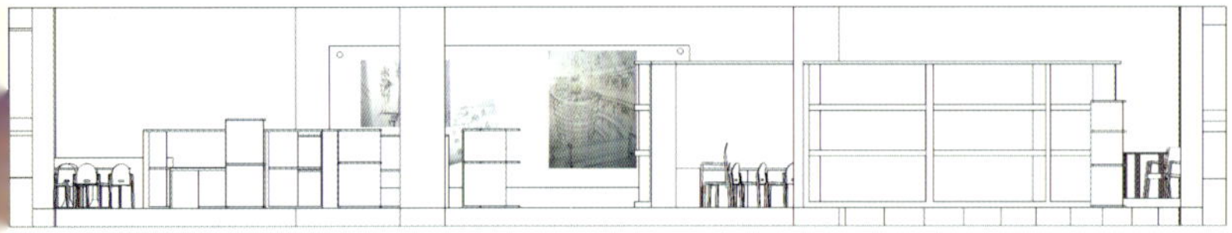

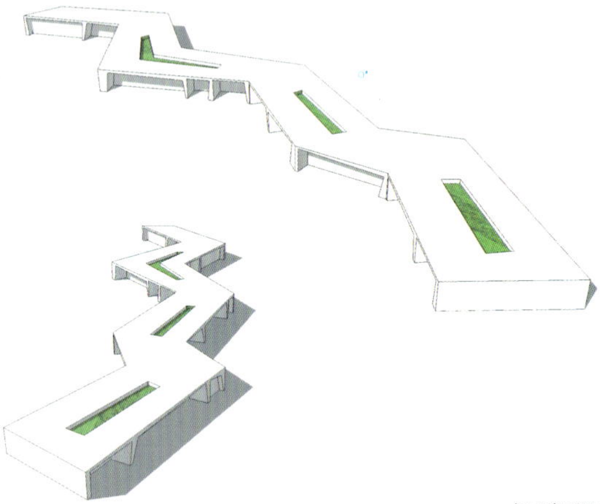

桌子造型设计

临窗一角

中心阅览区域

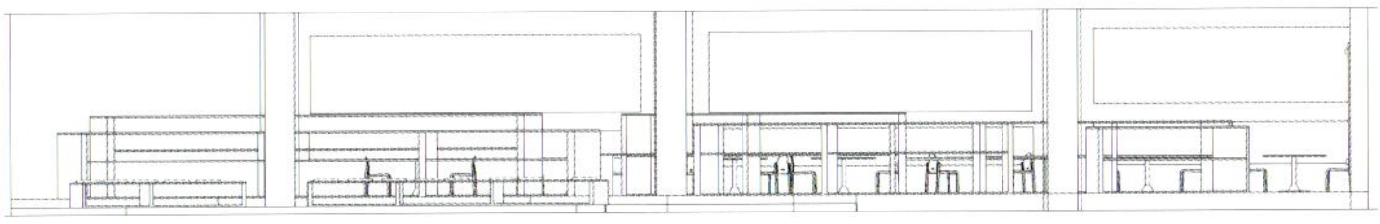

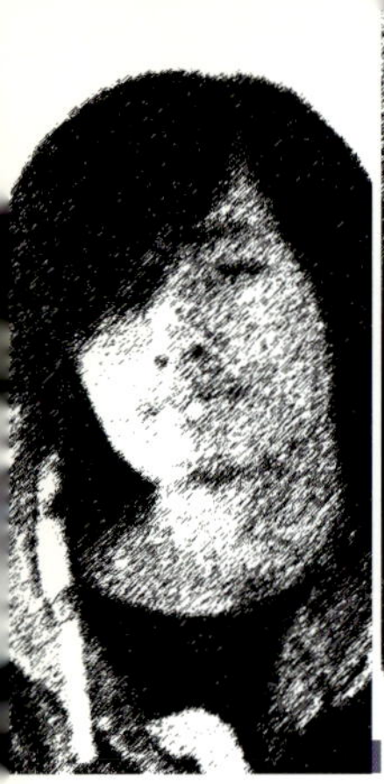

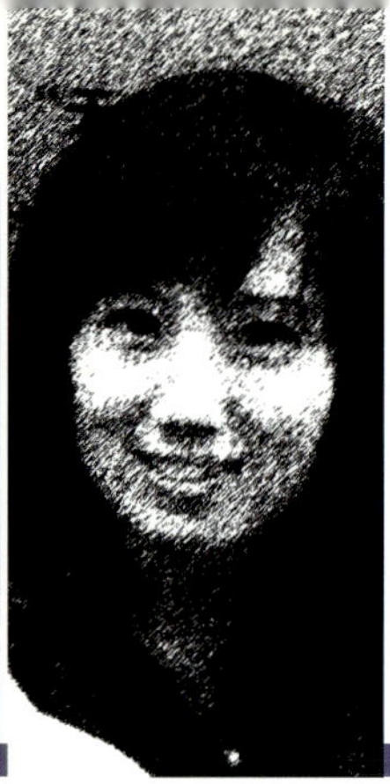

梦寻伊甸园（三等奖）

福建省漳州市火山地质公园景观带设计

杨添榜　白明川　天津美术学院

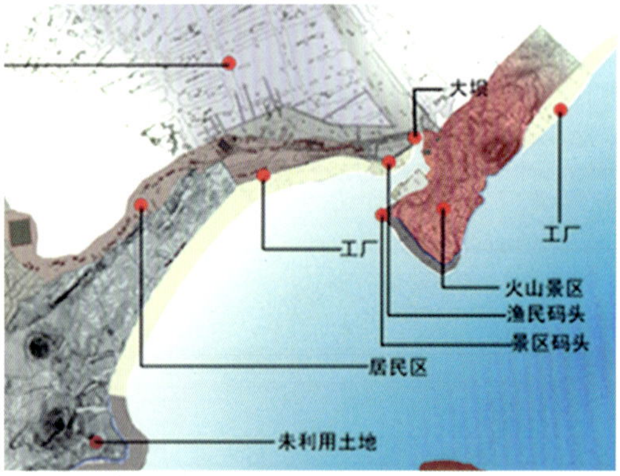

原始平面分析

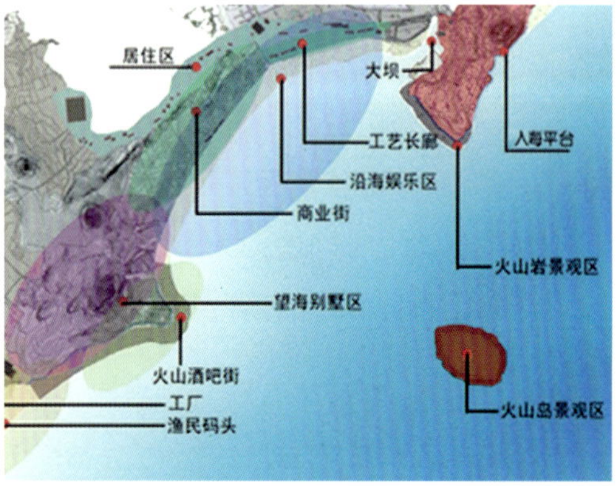

规划平面分析

我们选做的福建省漳州市火山地质公园景观带设计，项目所在地是我们小组其中一个成员的家乡，福建省南部的一个沿海小镇。当地气候条件很好，场地里自然景观优美，火山岩石极其壮观。

这是一个真实的项目，有很强的实际意义，在确定选题以后，我们小组成员于寒假春节期间到选题所在地福建省漳州市进行了为期 20 多天的现场调研。充分了解当地气候，场地地形，体验当地生活，感受当地人文。并与当地管理部门取得联系，得到一些意见。

通过调研等一系列前期准备，在老师的指导下，对项目进行定位，进行规划设计，反复地讨论，细化，最终完成了这个设计。

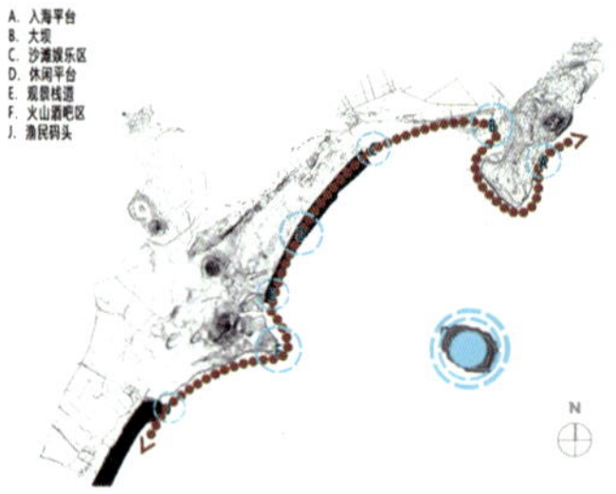

结构分析

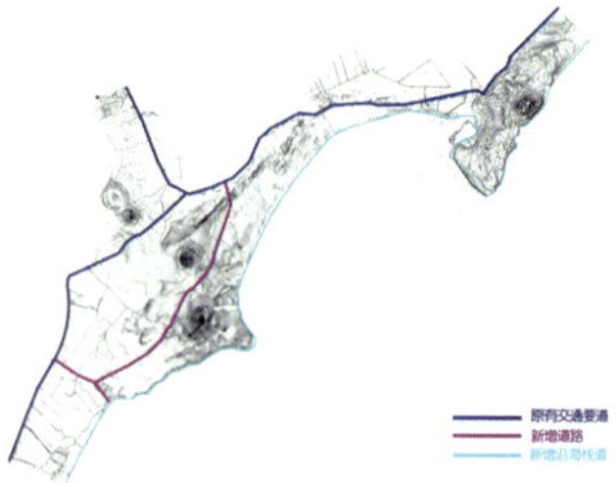

视线分析

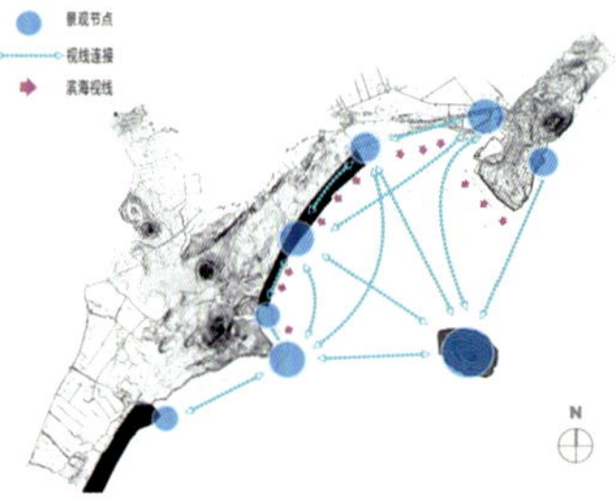

路线分析

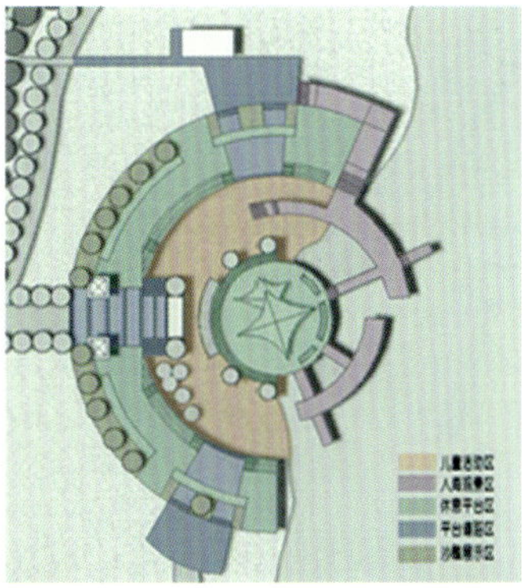

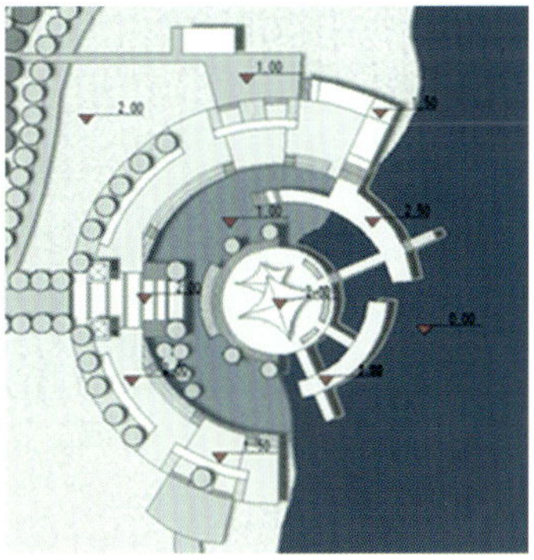

平台高程及平台

石间隧道平面分析图

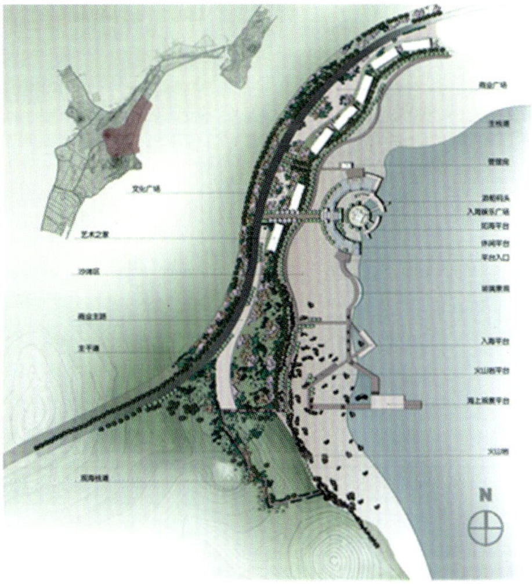

道路分析

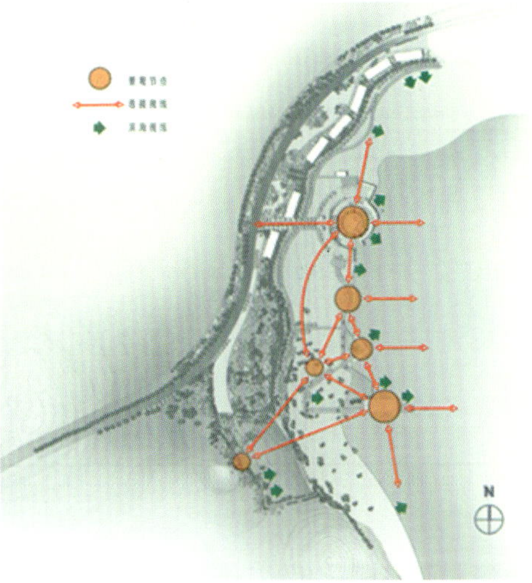

视线分析

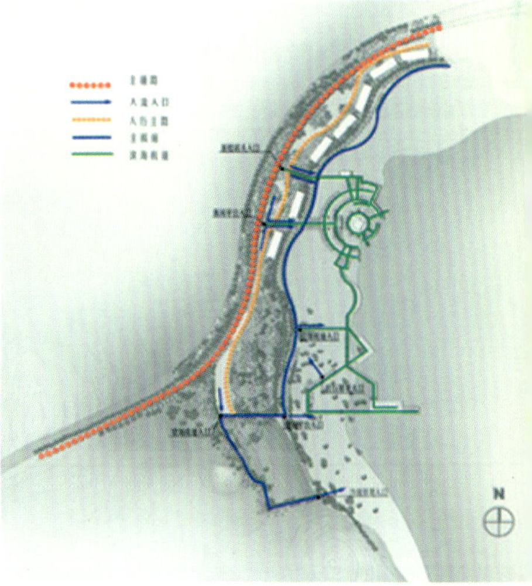

平台的设置在沙滩形成了一个安全性的围和空间，家长们可以在环绕的台阶上看着孩子们在沙滩上嬉戏。

栈道的休息平台上设置高起的台子，除了供人休息外还设置了灯光、绿植等，增加视觉效果。

叉状灯柱支架的设计在保证支撑栈道的情况下，设置于岩石的夹缝之间减少柱体与低部岩石的接触面积，减少对火山岩的破坏。

充分利用地形进行设计，在火山岩壁顶部设置观海别墅，具有极佳的观景视点；在火山岩壁设火山酒吧街，让火山岩亲近人们的活动空间；在火山岩壁的底部海域，设置水上休闲区，垂钓，就餐，感受生活。

水上休闲区效果

岩石景观手绘效果图

闽南印象（三等奖）

福建英都休闲会所设计方案

陈秋来　天津美术学院

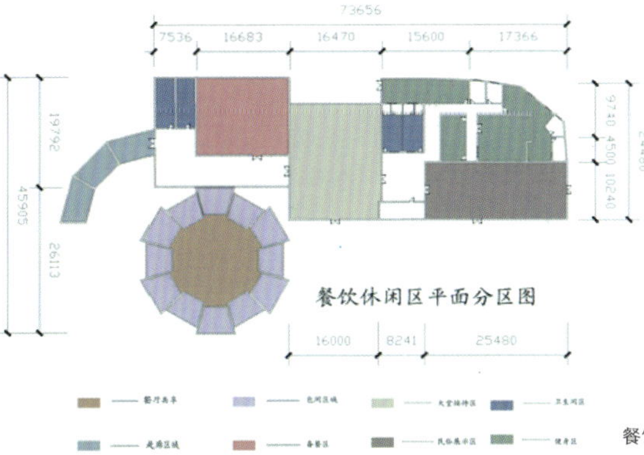

餐饮休闲区平面

餐厅大堂

在设计背景的时候，根据当地民居斗栱下的故事情节加以提炼。前台采用当地的砖雕纹样，由于当地盛产石材，因此周边的墙体采用不同质感的石材，突出当地特色，顶部采用当地石窗元素加以简化。

二层包间区

此区域的设计，墙体采用木格栅和墙体结合的形式，使空间具有通透感，顶部采用当地的斗笠和灯带结合的形式，使其高低错落具有层次感，地面采用文化石加以修饰，墙体下面的地灯是根据当地的拔拔灯印象作为参考加以演变的，使空间具有当地特色。

餐厅共享

整个区域采用开敞式设计，中间共享区域采用下沉式设计，大厅顶部采用玻璃钢架结构，采光充足，二层墙体采用木材和当地特有的红砖相互穿插的形式，由于当地人们比较信奉佛，故根据佛灯的印象设计了另外的装饰墙。此区域的设计，墙体采用木格栅和墙体结合的形式，使空间具有通透感，顶部采用当地的斗笠和灯带结合的形式，使其高低错落具有层次感，地面采用文化石加以修饰，墙体下面的地灯是根据当地的拔拔灯印象作为参考加以演变的。使空间具有当地特色。

前台等候

设计背景时，做出凹凸层次感，侧面用木条做装饰，用茶壶和棋合加以点缀，突出主题，前台部分用具有闽南特色的红砖加以装饰。

茶室区域

在设计此区域的时候，主要为了突出茶道和禅道的意境，让人们能心平气和的在此品茶谈心，墙面主要根据当地出砖入石的特色加以整理，突出其朴素的特性。顶部用原木做装饰，彰显自然，整体氛围给人以宁静平和的感觉。

弘泉·续曲（三等奖）

呼和浩特市乌兰不浪村可持续发展规划

杨立新　天津美术学院

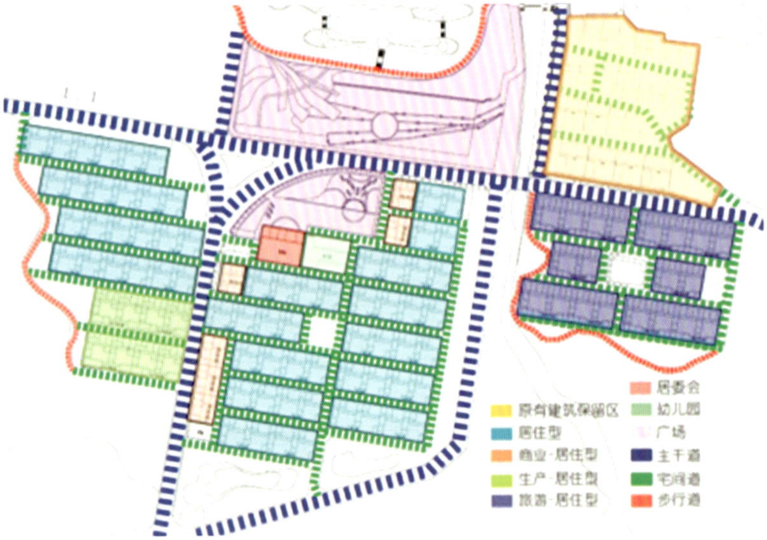

居住区面分析图

居住区在尊重当地原有布局的基础上，进行了重新规划和整合，以环形交通为主，合理设置了外围主干道，我们根据不同的功能需求，将该区域划分为一个弘泉广场和多个组团形式和公共场地。

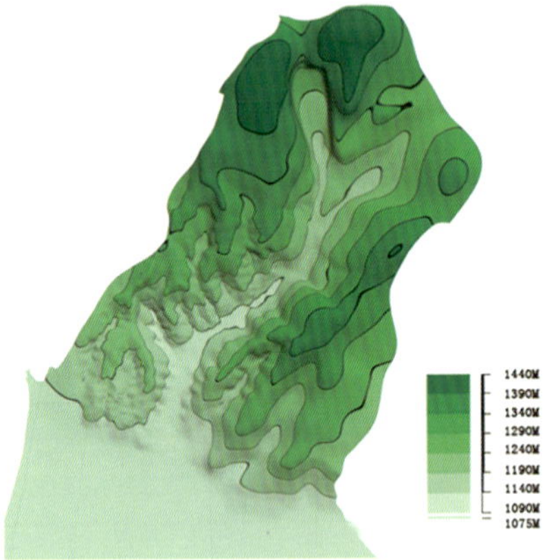

乌兰不浪村海拔 1075 米，位于村庄北部的蟠龙山最高海拔 1436 米

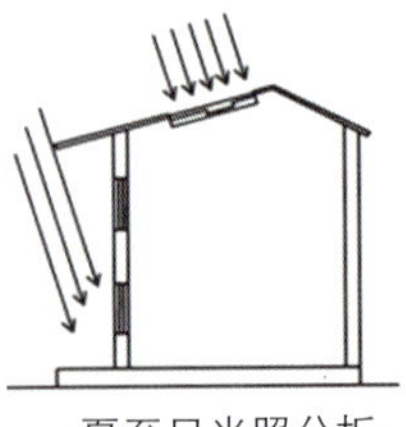

夏至日光照分析
（二层建筑）

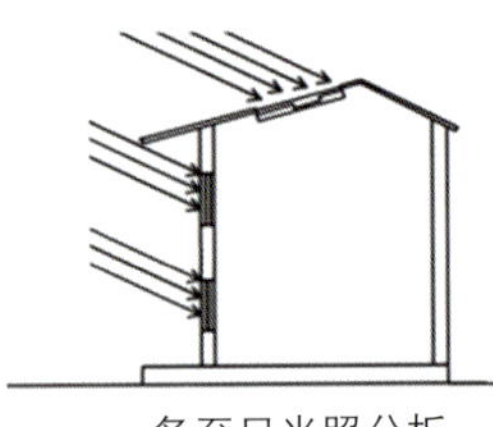

冬至日光照分析
（二层建筑）

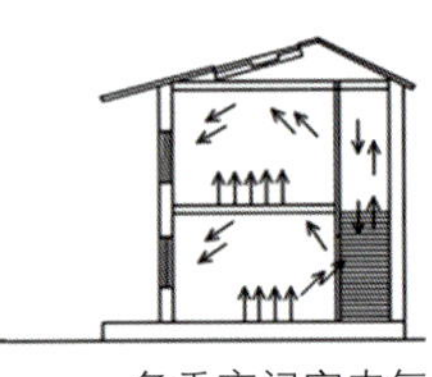

冬季夜间室内气流分析

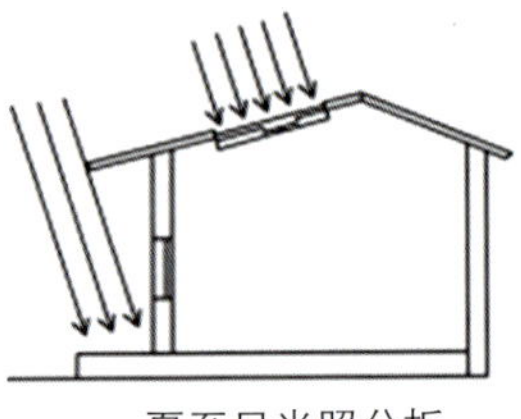

夏至日光照分析
（一层建筑）

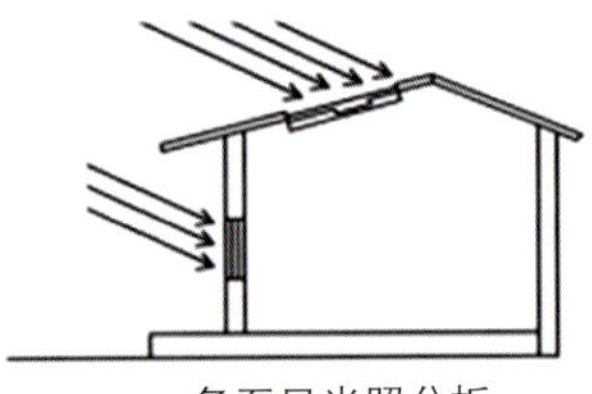

冬至日光照分析
（一层建筑）

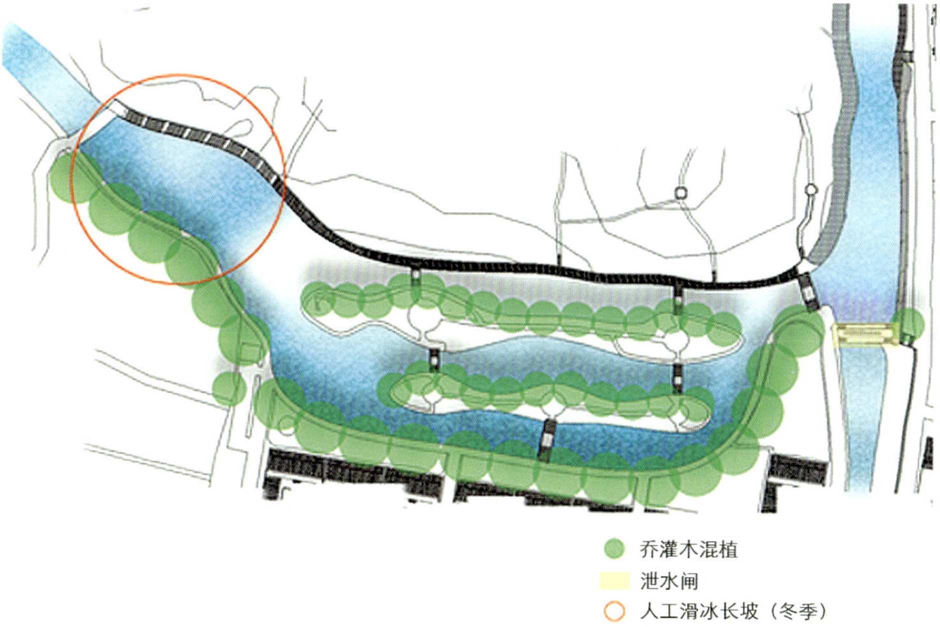

水域设计

1.蓄水池防蒸发处理：以利用浮板和植树为主要方式。

2.雨水收集方式：除了用现有树坑收集 雨水外，我们还运用引流疏导系统来优化配置水源。

图农家一隅

自然景观

我们通过合理的开发保护，对龙嘴山观音洞、公主墓、杨六郎曾经射到这里的剑，石崖茬怪石阵等景点加以利用，以扩大其价值及影响力为手段，以带动农村经济的可持续发展为目的，将其合理规划设计。

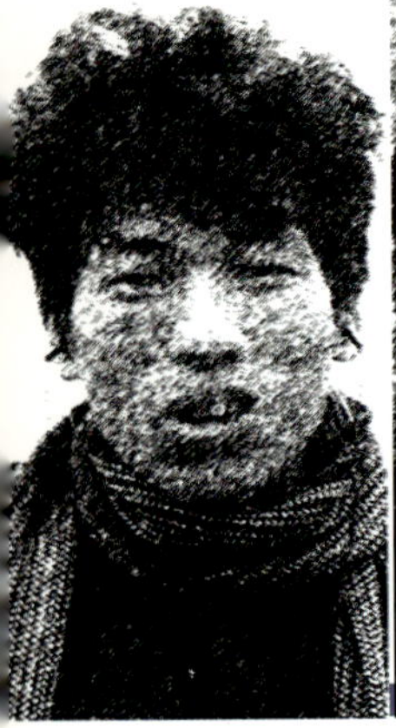

佳作奖作品

弘泉·续曲（佳作奖）

呼和浩特市乌兰不浪村可持续发展规划

黄峰卫 李传凤 天津美术学院

总平面

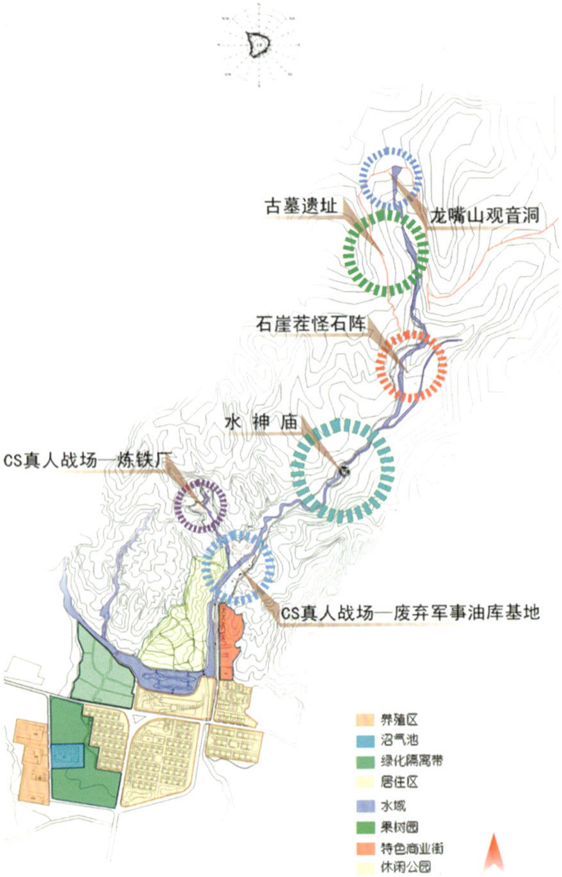

整体规划理念

通过合理的区域景观规划分改变该地区的粗放式发展模式，即把以牺牲生态环境为代价的经济发展模式转变为以能源自给和以旅游带动经济发展的可持续性发展模式，将其建设为独具特色的社会主义新农村。

规划后的交通布局现状

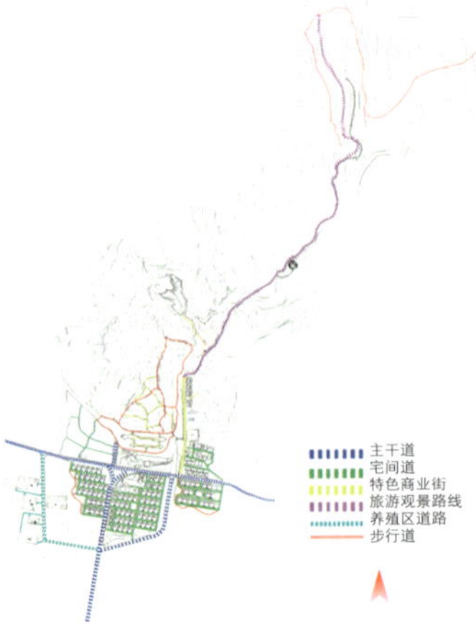

规划前的交通布局现状

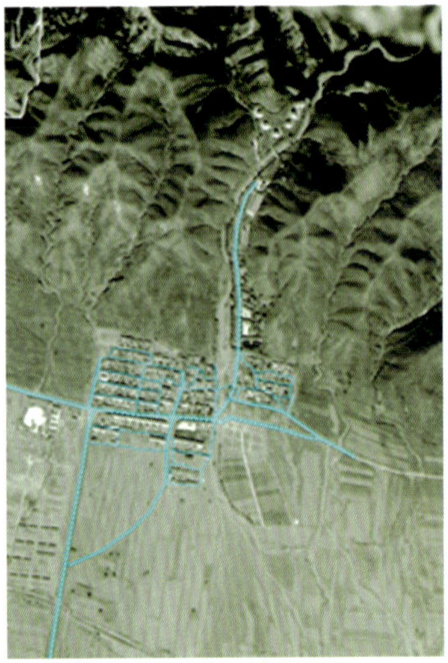

旅游型居住区

居民建筑户型分析

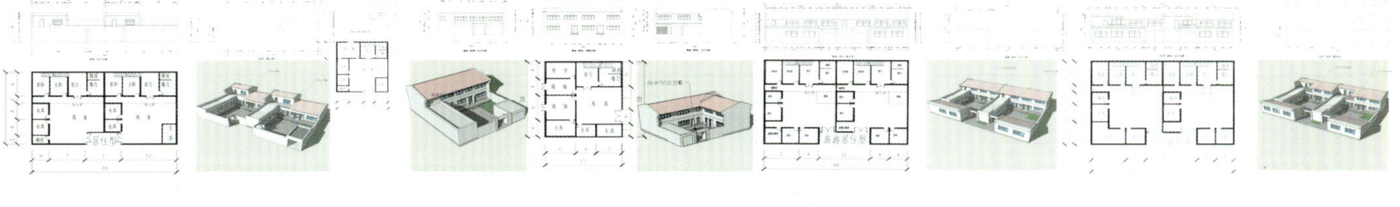

弘泉广场

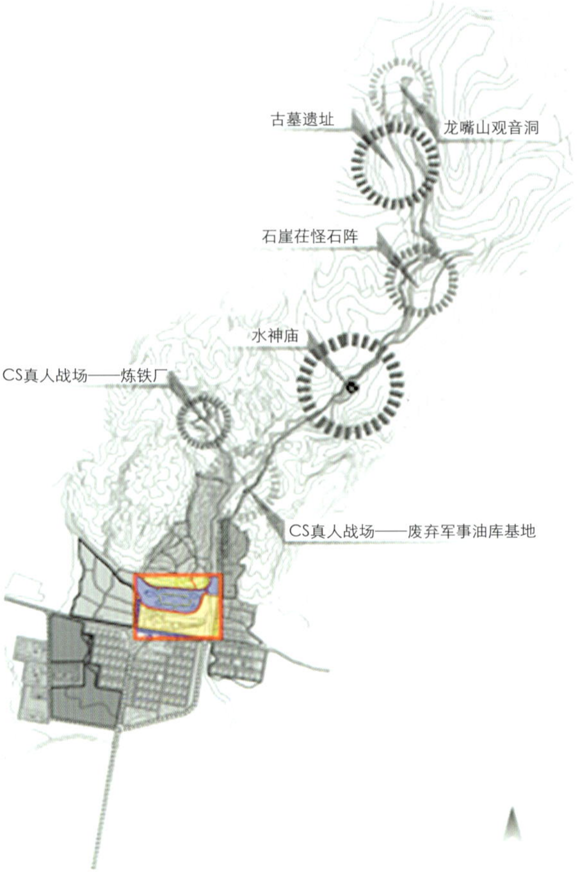

该广场是以弘泉续曲为设计主题，寓意弘扬红泉（乌兰不浪的汉语翻译）永不枯竭，奋勇拼搏的精神，创意灵感源于汩汩喷涌的泉水从5米高的阶梯平台由小到大延伸出来。通过尺度各异的四个抽象化概念“水流”在广场的右半部则以不同材质和颜色的地面铺装，分割出不同的视觉范围，在白绿相间的条带上，疏密有序的配种绿植，便形成了以音乐无线谱元素的广场形式，也便强调了“续曲”的设计主题

养殖区

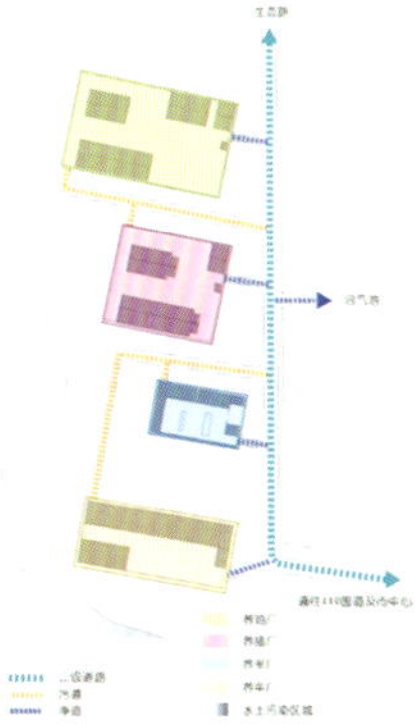

古墓遗址
龙嘴山观音洞
石崖崔怪石阵
木神庙
CS真人战场—炼铁厂
CS真人战场—废弃军事油库基地

沼气池

储气罐

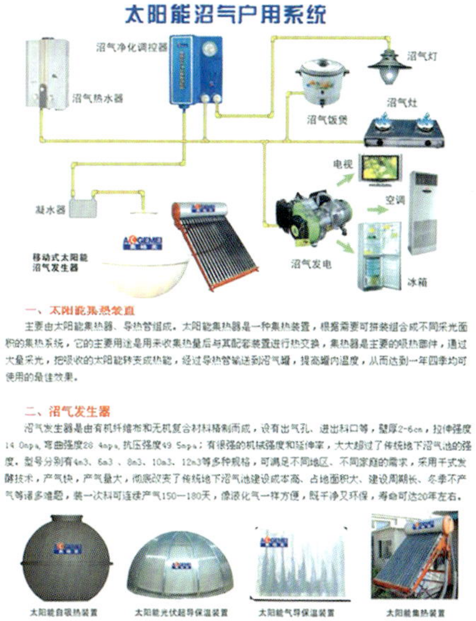
太阳能沼气户用系统
沼气净化调控器
沼气热水器
沼气灯
沼气灶
沼气饭煲
电视
空调
凝水器
移动式太阳能
沼气发生器
沼气发电
冰箱
一、太阳能集热装置
主要由太阳能集热器、导热管组成。太阳能集热器是一种集热装置，根据需要可拼装组合成不同采光面积的集热系统，它的主要用途是用来收集热量后与其配套装置进行热交换，集热器是主要的吸热部件，通过大量采光，把吸收的太阳能转变成热能，经过导热管输送到沼气罐，提高罐内温度，从而达到一年四季均可使用的最佳效果。
二、沼气发生器
沼气发生器是由有机纤维布和无机复合材料精制而成，设有出气孔、进出料口等，壁厚2-6cm，拉伸强度14.0mpa，弯曲强度28.4mpa，抗压强度49.5mpa；有很强的机械强度和延伸率，大大超过了传统地下沼气池的强度。型号分别有4m3、6m3、8m3、10m3、12m3等多种规格，可满足不同地区、不同家庭的需求，采用干式发酵技术，产气快，产气量大，彻底改变了传统地下沼气池建设成本高、占地面积大、建设周期长、冬季不产气等诸多难题，装一次料可连续产气150—180天，像液化气一样方便，既干净又环保，寿命可达20年左右。
太阳能自吸热装置
太阳能光伏超导保温装置
太阳能气导保温装置
太阳能集热装置

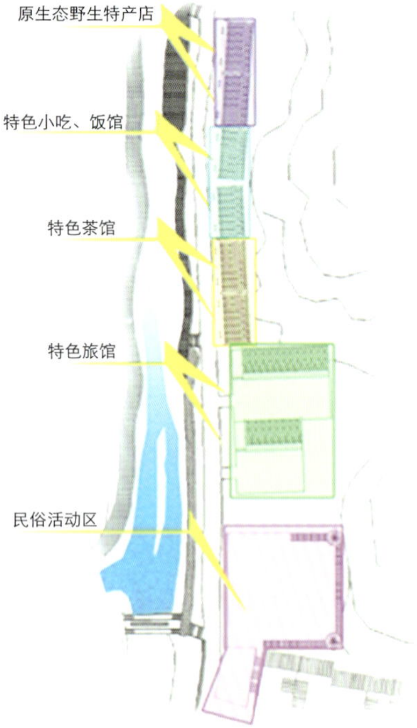

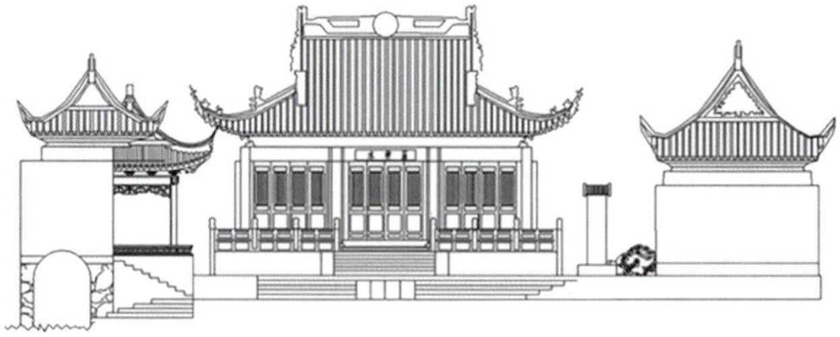

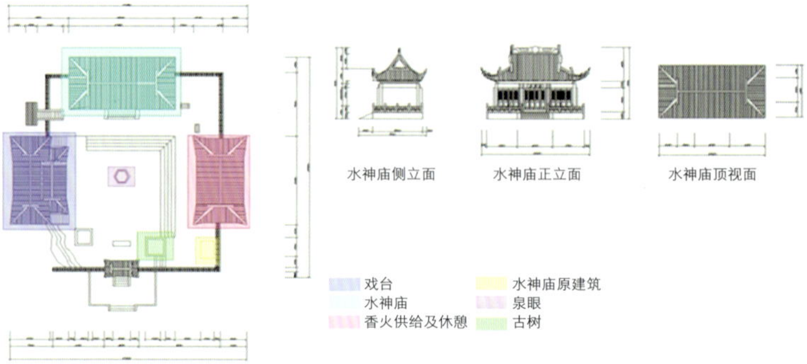

水神庙平面图

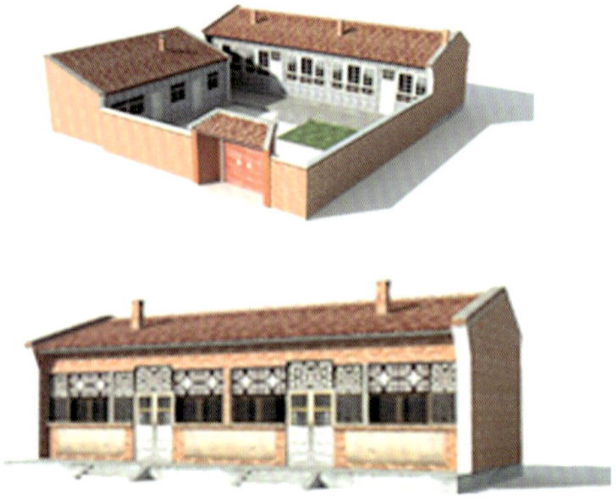

特色商业街

水神庙——非物质文化传承

旅游开发

炼铁厂和军事油库基地都是现有的废弃场地，我们主要是将原有的建筑及一些工业构筑物，并结合当地起伏多变的山体地势改造成一个能迎合当代人生活娱乐的 CS 真人模拟战场。

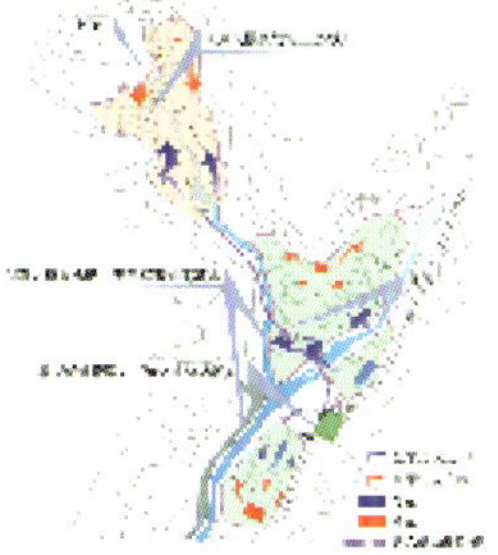

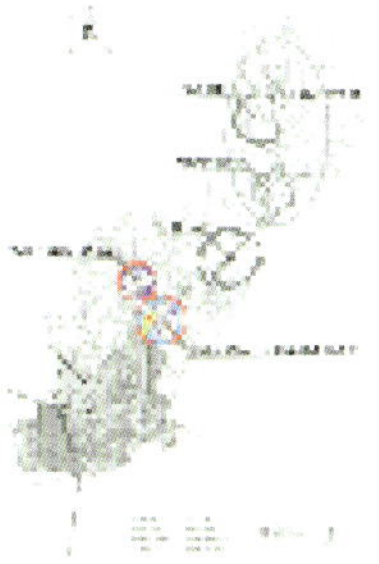

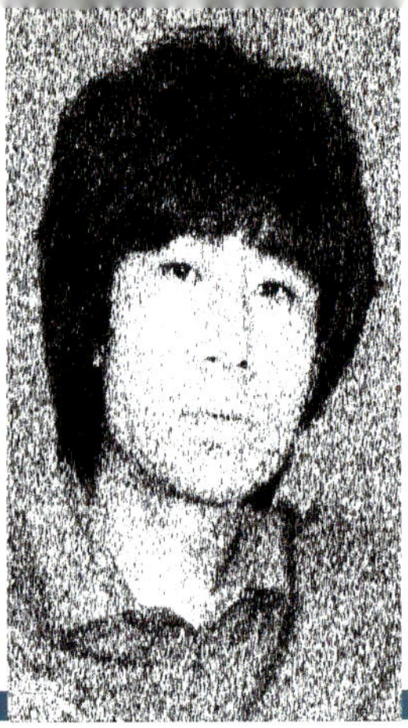

闽南印象（佳作奖）

福建英都休闲会所设计方案

洪培林　刘文龙　天津美术学院

面对闽南悠久的文化，我们如何在现代语境下解读并应用传统文化符号。是我们的目的，体现地域文化与现在社会的共生是此设计题目的主要研究方向。此次设计从闽南的历史、哲学、宗教、审美、建筑、民间美术和民间风俗等多方面来研究和总结闽南传统文化特征和审美取向，并提炼出闽南特有设计元素和表现手段，灵活运用于具有闽南文化特征的会所空间设计之中。在休闲商业中融入闽南特色文化，使它在市场中具有不可复制的竞争力。

平面图

茶舍休息楼一层平面

员工休息区　休息等候区　茶舍休闲区
棋牌娱乐区　前厅接待区　仓库存储区

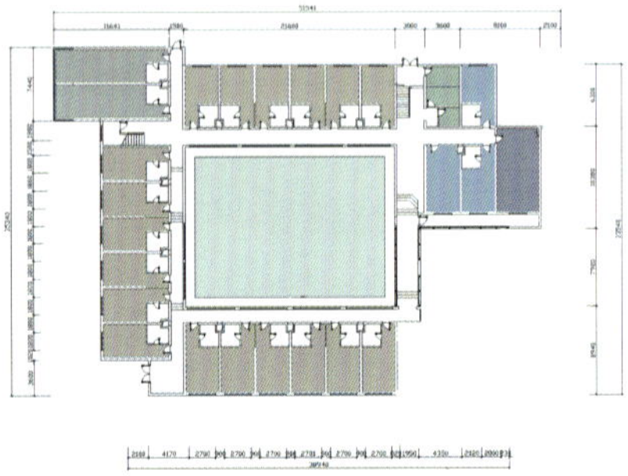

茶舍休息楼二层平面

员工休息区　洗手间　客房区域
天井区域　豪华客房　仓库存储区

建筑立面1

建筑立面2

建筑立面3

左视图

右视图

前视图

后视图

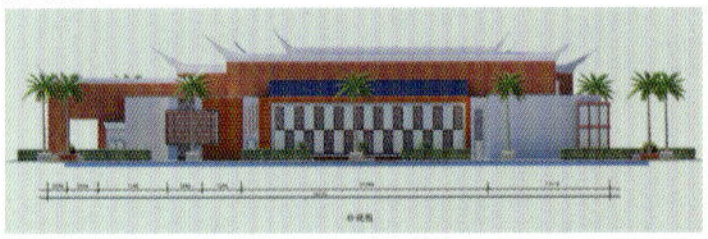

观景区域

民俗展示区

在设计建筑时，我们考虑到新建建筑与古民居之间的多种关系，尝试建筑材料与细节跟古民居有不同角度的呼应。比如，有的建筑墙面是红砖的抽象图案，暗示“红砖古厝”的一些影子；既能将古民居风景纳入建筑，又可使新建筑语言与古民居相映成趣。红砖墙面加以镂空给人以通透感，片墙上面根据燕尾脊印象加以简化，运用到作品中，后面墙体根据出砖入石的印象加以提炼结合到设计中。

茶舍休息区室内效果图

天井共享

在设计此区域时，我们考虑到此空间与古民居之间的传承关系，和传统格局相一致，人们可以坐在树荫下棋聊天，立面主要用传统砖雕纹样加以装饰，副加镂空石窗加以装饰，人们在下雨的时候可以在走廊倾听雨声。

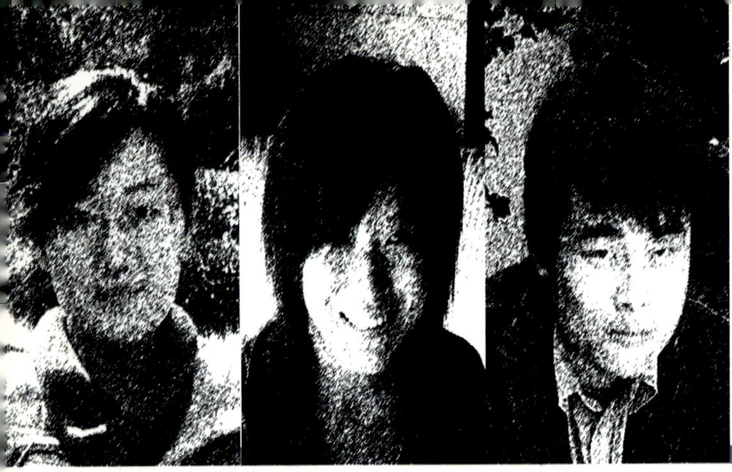

天津滨海新区工业文化主题公园（佳作奖）

孙辉　苏明　宋雅春　天津美术学院

设计目标

工业文脉传承，生态景观，休闲娱乐为一体的开放式文化公园。进一步完善滨海新区海河景观绿化带体系。提升城市品位，彰显天津工业文化引力，实现文化传承，生态保护与城市现代化的和谐共生。

文脉复兴设想

对天津工业文化的挖掘，在景观的设计及布局上运用时间线贯穿，将天津各个时期特色的工业文化运用不同的景观表现手法加以展示。

生态保护设想

人工浮岛技术的引用：采用生物浮岛技术不但可以改善水质，还可以达到水上绿化的效果。

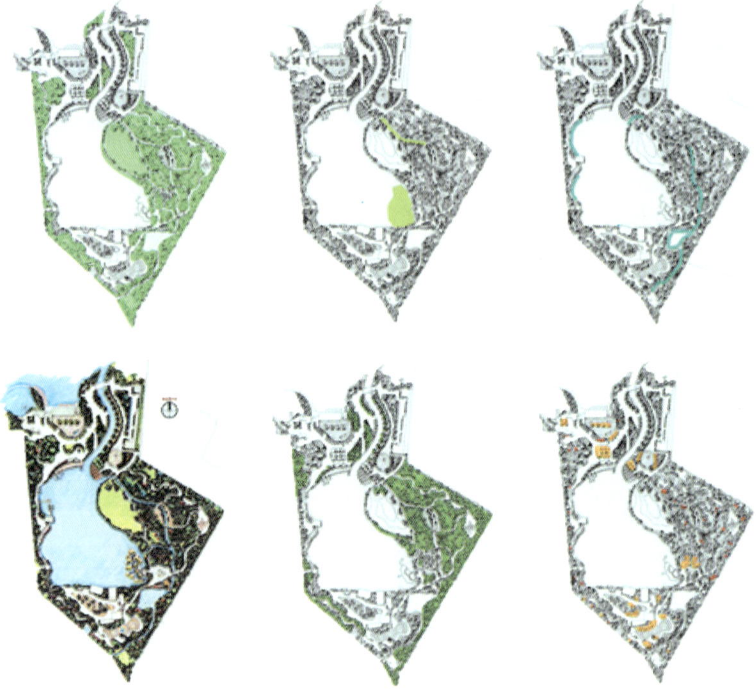

场地植物群落的形成

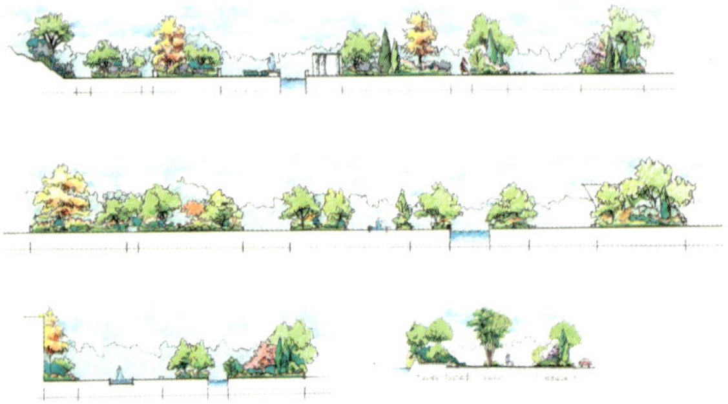

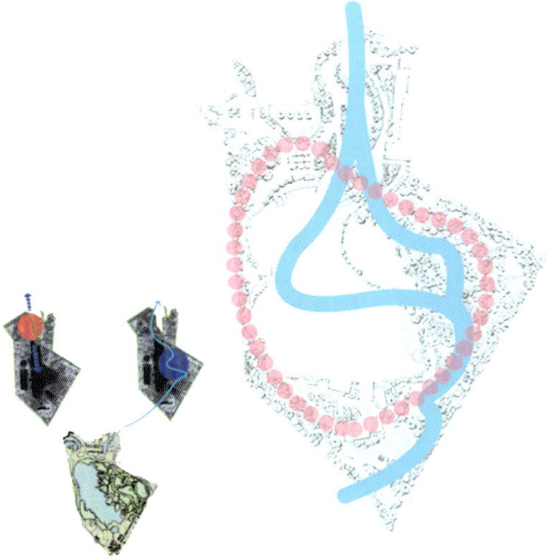

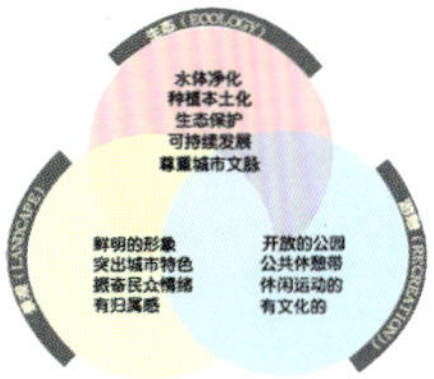

设计手法

以场地原有湖面肌理做底，以生态净水流线与工业文化线两者契合形成景观节点。

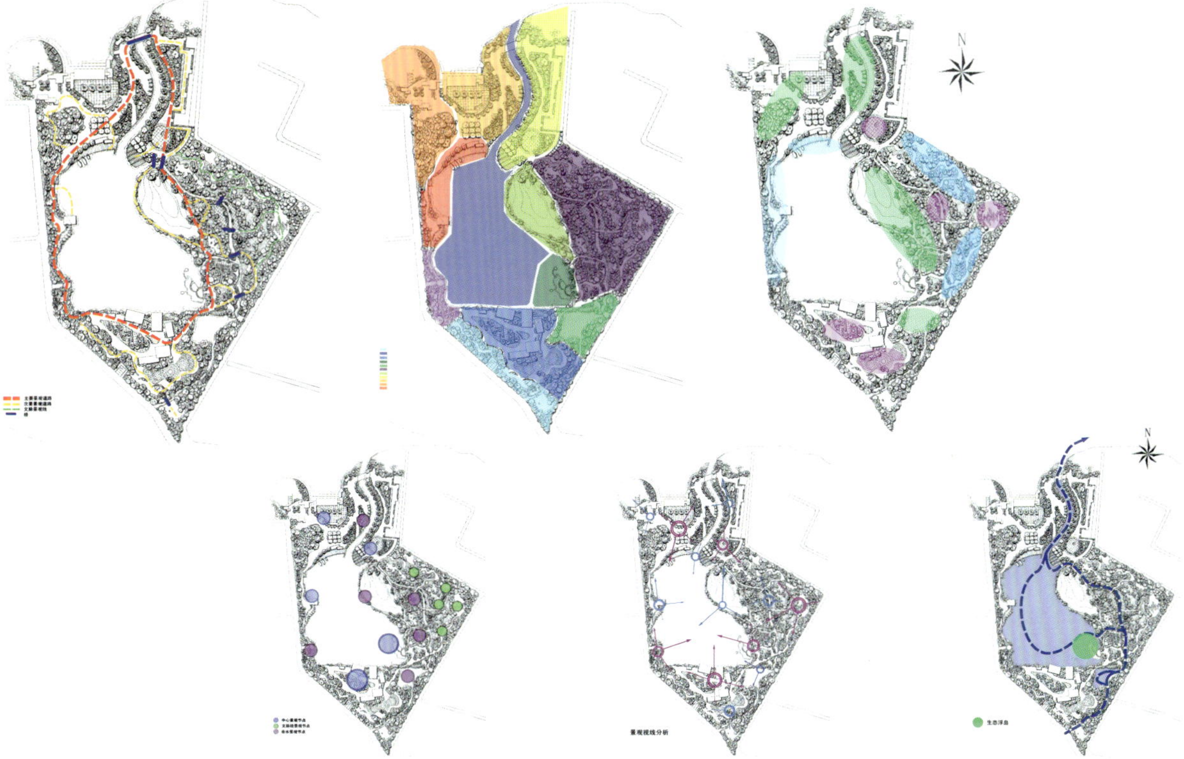

总平面图

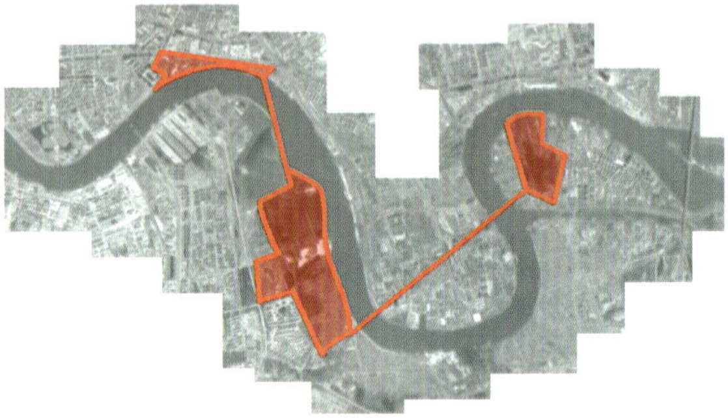

根据以文化为主题的综合公园的性质和基地所特有的地脉条件，综合平衡生态、文化景观、游憩三大主导功能。七大功能区：工业文化主题景观区、生态水体景观区、特色植物景观区、渔民体验互动区和商业街景观区等。

现代广场运用玻璃幕墙、水幕电影、触感应灯等一系列的现代设计手法，引领现代感，同时水幕电影的运用可以增加游人与景观的互动。

工业广场主景直接放置原地块上的大钢铁骨架，给人营造出大工业开发时代凝重的气氛，配以混凝土与草皮相间的铺装，营造出宁静中的活泼感觉。

建国前天津工业以三条石最具代表性，所以此广场景观以三条石工业发展大型浮雕为主景，借以红砖、柱石等矛盾的手法使景观富有生气。

胶片走廊末端的景观缓冲带运用植物，与雕塑的穿插结合的方法，区别前组景观，缓解审美疲劳

本园区水系与园外水系相连，游人可于园内等游艇参观沿河景观带。

胶片走廊是由科技广场通向工业广场的长廊带，此处设计运用卷曲的胶片为设计意向，运用立面、平面的转变，利用胶片的透景，展示的相互作用向人展示天津工业的发展

园区商业街建筑设计意向原自码头集装箱形式，简洁方便。

建筑前广场采用可移动式植物、展板，突出展示的功能作用。

浮岛区建筑主体采用玻璃材料使浮岛景观与湖面景观在建筑物中得以很好的观赏。

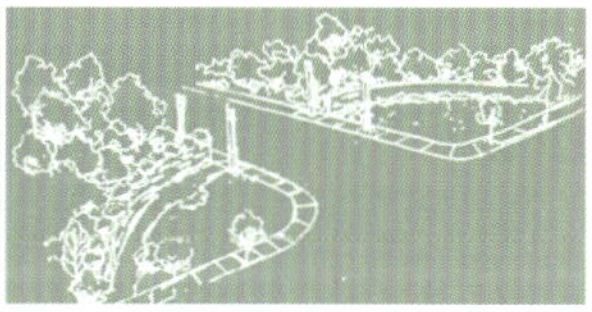

建筑外景

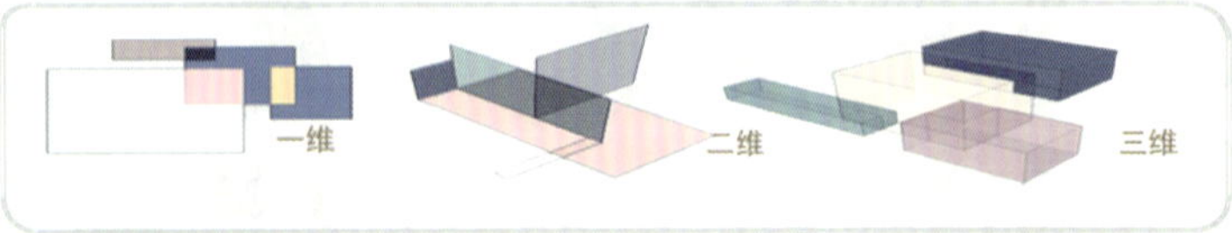

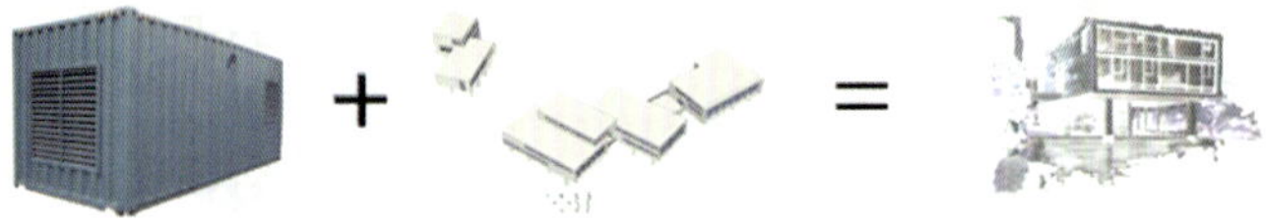

没有实体的集装箱，多方式的相互交错，形成了各种桀骜不驯的空间。半开放的建筑，室内外结合的展示与交流空间。

胶片走廊

港口栈道

休闲广场

悠闲步道

花坛小品

休闲凉亭

广场雕塑

水景手绘效果

广场效果

景观小品

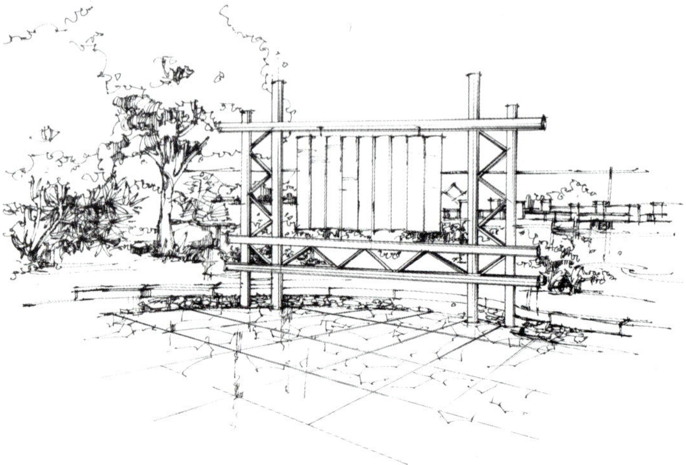

休闲渔村

休闲广场

三条石

商业街

商业广场

现代广场

三条石局部

港口接待效果

现代广场

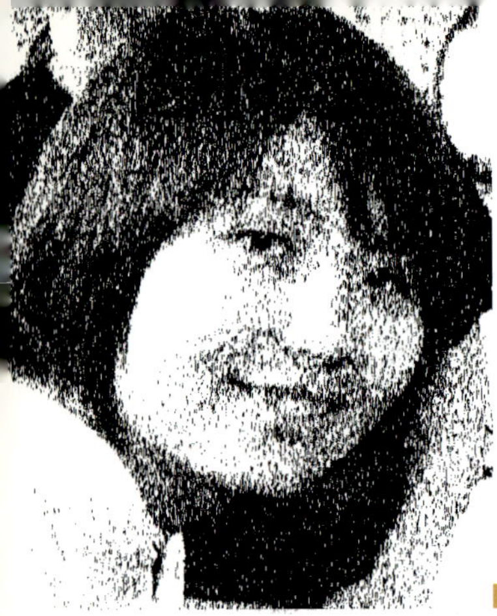

渗透（佳作奖）

山西大学校园综合景观设计

林淑琼　中央美术学院

山西大学地理位置分析

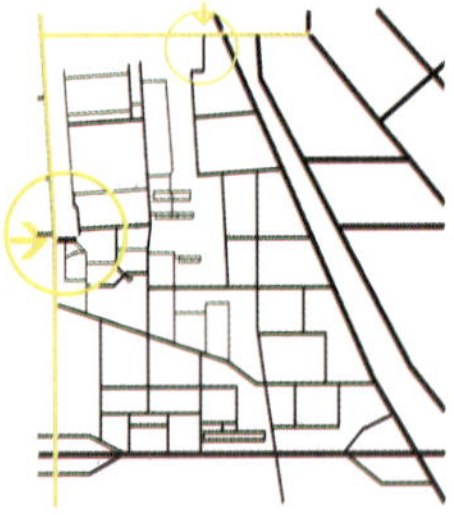

校园交通分析图 比例1：5000

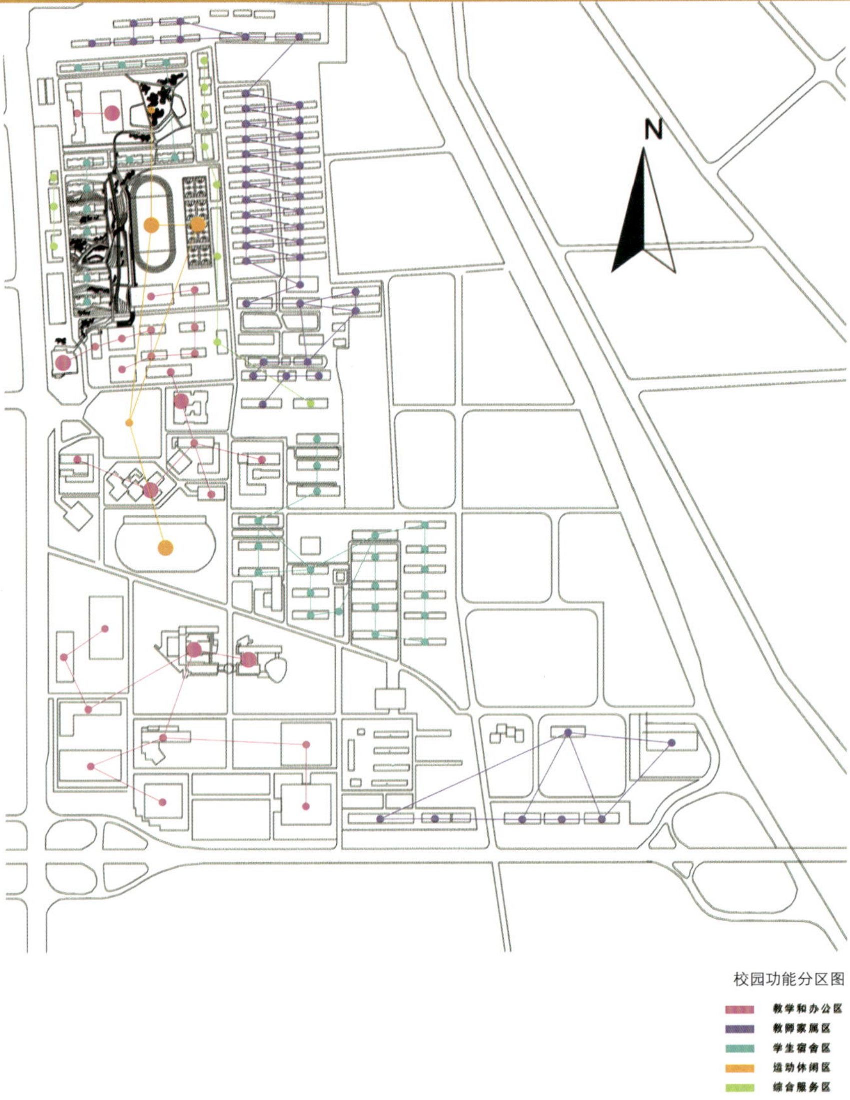

校园功能分区图

校园户外空间的交通、学习、休闲和美学欣赏等功能理应受到更多的关注。对许多大学校园的观察表明，在天气允许时，大量的随意交流、偶遇、娱乐及班级间的交流都发生在户外，这是因为在现代城市中，校园生活在很大程度上发生在既定活动和固定建筑之间；有人认为这正是生活的内容；没错，在学术环境中，这种随意性的交流正是大学精神的核心。

山西大学校园综合景观设计从“随意交流”这个大学精神的核心出发，以“渗透”为概念建立一个立体的校园网络，实现大学和城市之间的渗透，人们生活的渗透，文化的渗透。改变以往单一中心分布的服务设施和活动空间，实现多中心散落的布局方式。利用建筑入口和周边的空间创造更加宜人的校园景观。

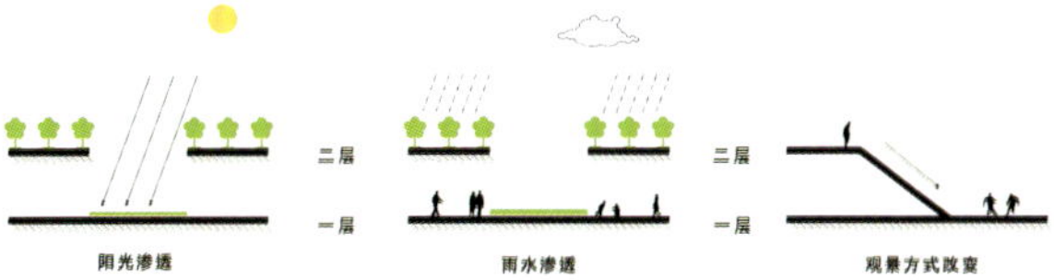

打破原有的单一服务中心和较为集中式的场地分布方式，在整个学校形成一个多中心散落的功能网络。每栋楼的底部以及和构架相连的二层置入餐饮，娱乐，阅读，商业等功能，吸引更多人来使用。在建筑入口处设置半围和空间，方便人们等候，临时性学习和聚会。建筑的周边布置有小尺度的活动、休闲的空间。

在靠近操场的部分，二层的构架成为一个抬高的看台，人们在这里可以清楚地看到操场的情况。构架以“桥”的形式出现，采用“公路”作为设计元素，桥的表面有类似人行道，安全岛等路面标识，起到装饰和引导的作用。集装箱和汽车经过改造和再设计也会成为桥上半封闭的空间，并以此增添构架“公路”的感觉。

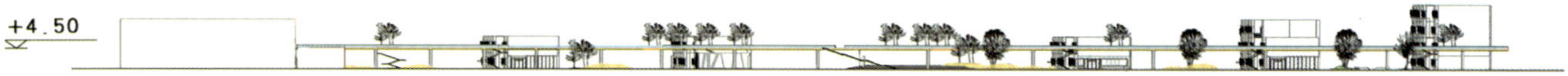

1-1’ 剖面

2-2’ 剖面

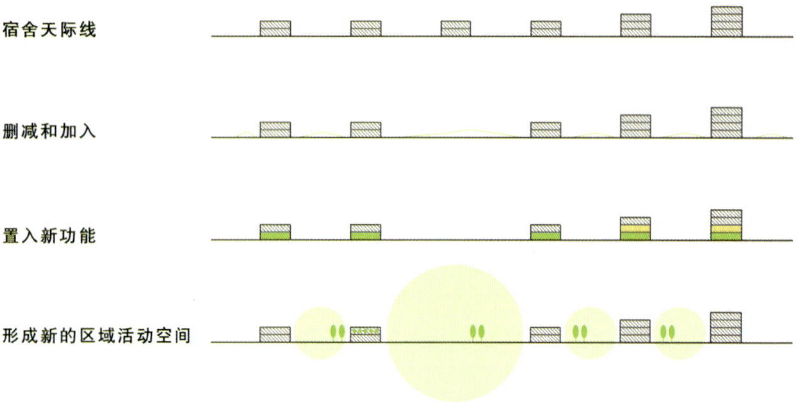

人对于空间都有一个归属感的认知，比如各个系的学生会认为自己的学院是属于自己的地盘，在这个区域活动时的状态也比较放松。我借用这种特定的归属感，在宿舍和宿舍之间设置小型的运动场地和绿地，形成一个小范围的半私密的活动空间。并排的六栋宿舍楼之间空间过于平均，天际线缺少节奏的变化。中间的一栋宿舍楼拆除后产生的空地成为宿舍区的中心广场，在宿舍楼之间加入地形的元素来增强视觉的变化，提供不同的行走体验。

横向绿地景观带

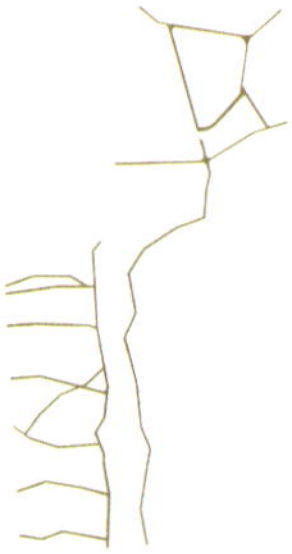
折的步行散布网格

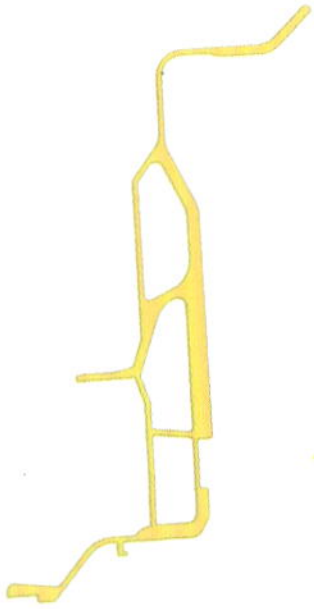
新的多层连接平台

新的操场以外跑到

桥，绿地中的道路，新的跑道成为一个连接各个节点的通道，实现各方面的渗透。桥上设有绿化，展示，休息和运动的空间，是一个全新的活动平台。桥本身也起到遮阳，遮雨的功能。

公路景观元素

主体景观鸟瞰

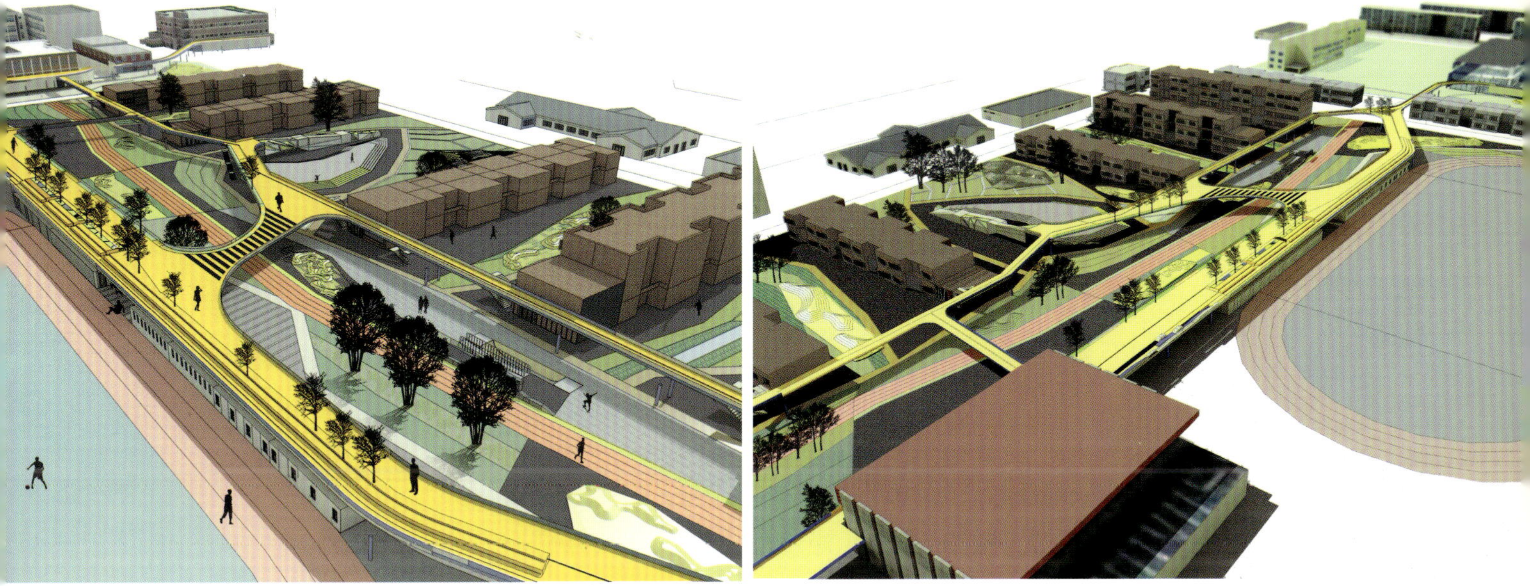

校园活动区域鸟瞰

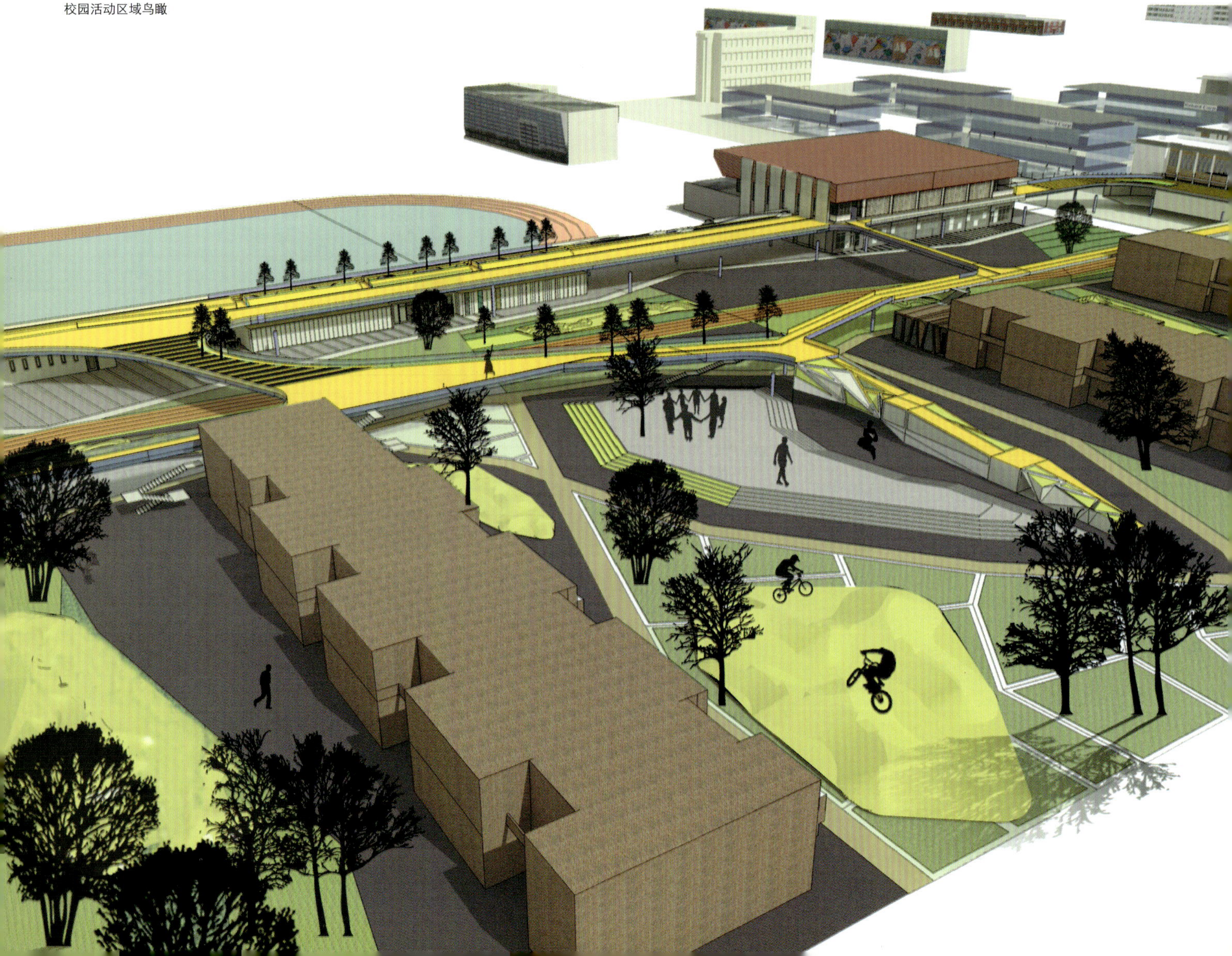

校园廊道效果

彩虹串珠（佳作奖）

秦皇岛市北戴河区建筑景观改造设计

张小雪　中央美术学院

基地

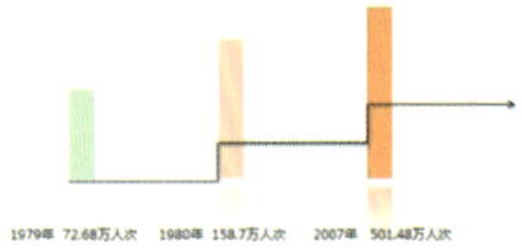

联峰北路作为进入北戴河区的门户，是非常重要的一条“彩带”。全程将近 5000 米的道路，共 5 个主要路口，12 个次级路口，还有更多的无名小路口，由此看来，很像一条丝带，将各个珍珠串联起来，形成一道靓丽的“丝带串珠”景观。为更加突出联峰北路整体景观的重要性，特选定 2 段，长度 800 米作为本次主要深化区域。

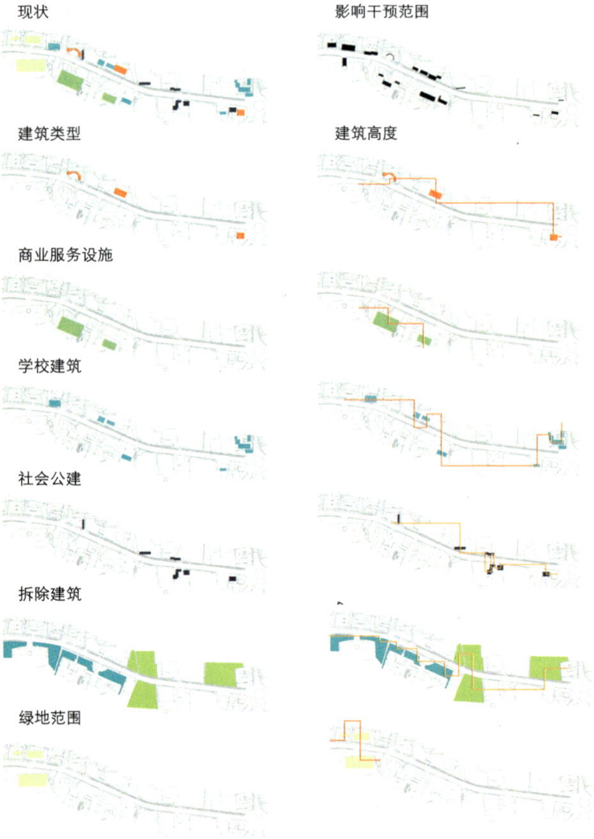

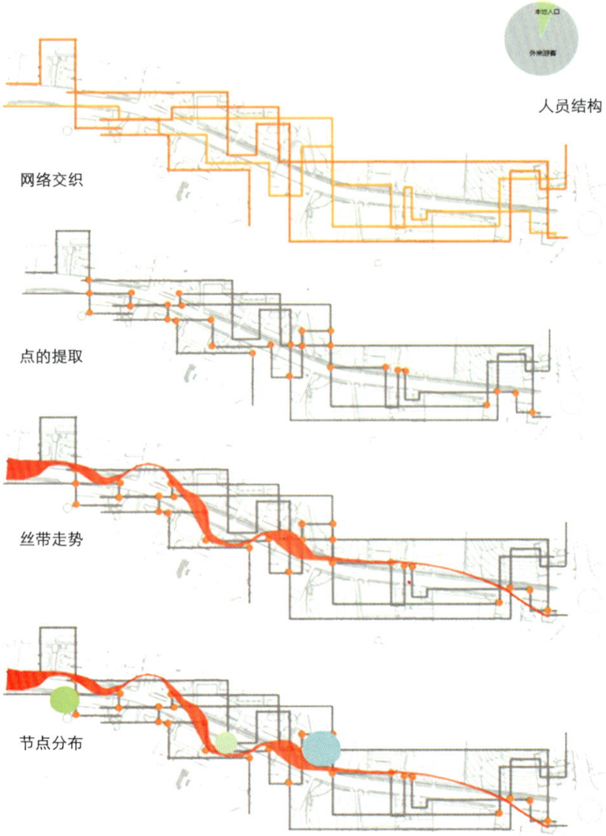

丝带龙骨提取

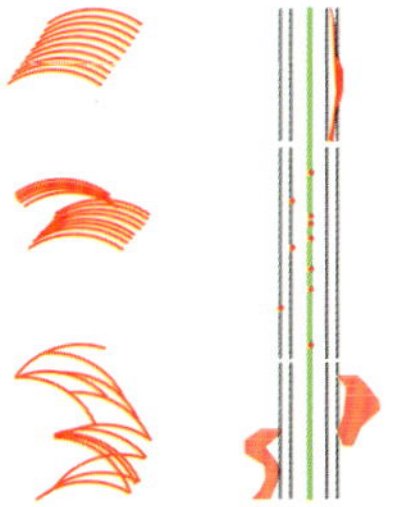

点线面结合

丝带与建筑关系

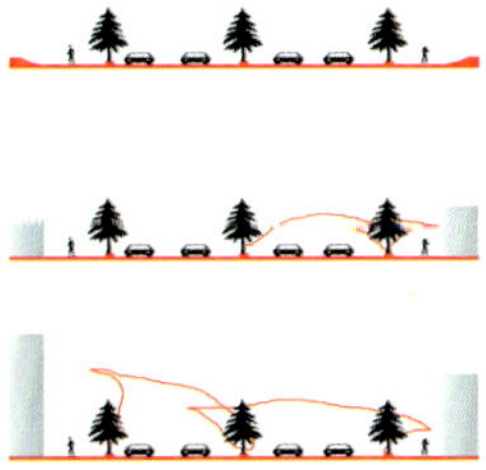

丝带出现过程

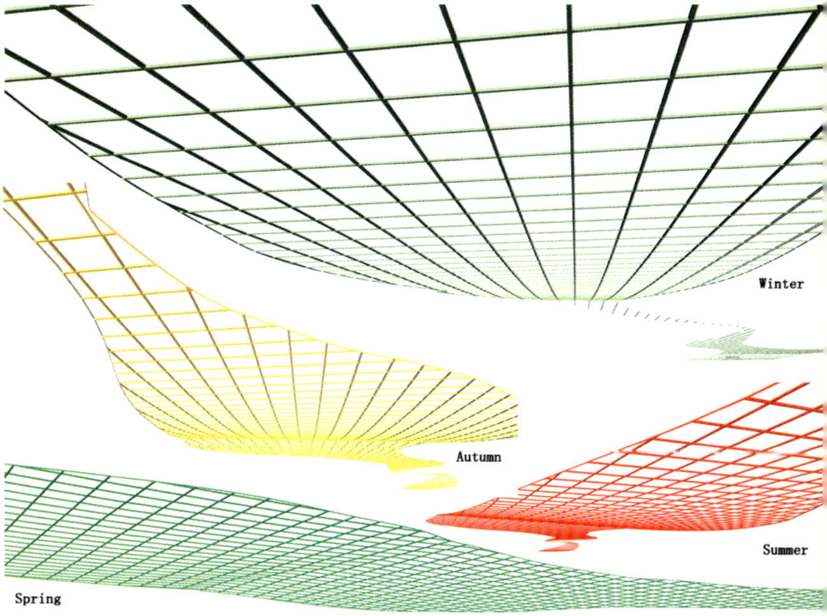

通过对秦皇岛市北戴河区联峰北路的区域环境，气候条件，历史文脉，风景名胜以及交通线路的现状调查及研究，提出现状存在的诸多问题，结合当地区域历史文化特色，进而从构架、景观、交通、建筑、照明几方面进行设计，采用这几个景观元素衔接、互补、包裹和装饰的关系模式，使改造区域呈现鲜明的景观特色，给当地居民提供交流休闲空间，给外来游人一个全新的视觉、听觉、触觉全方位的感官感受……

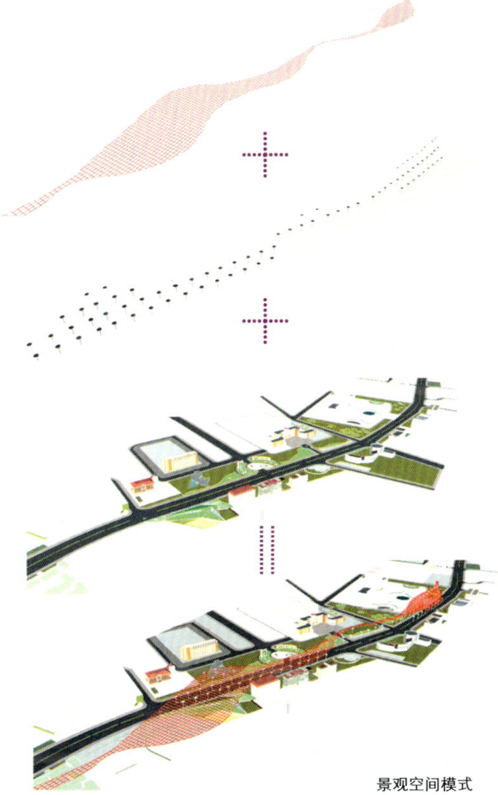

景观空间模式

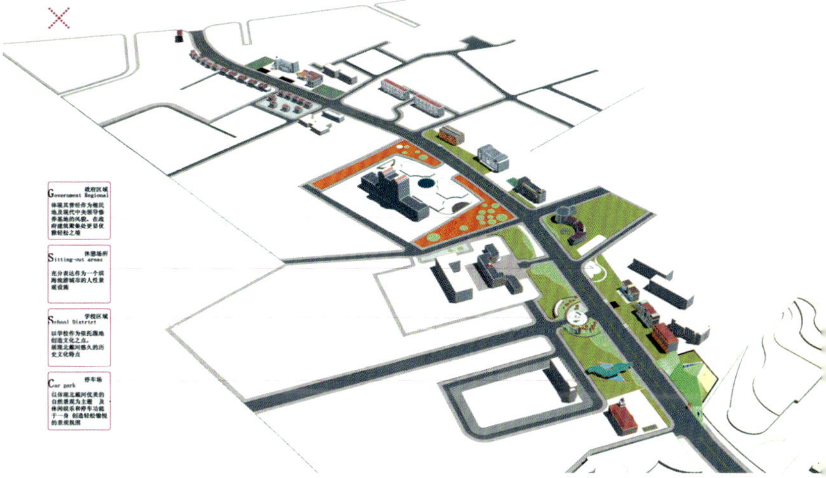

景观节点说明

一层总平面

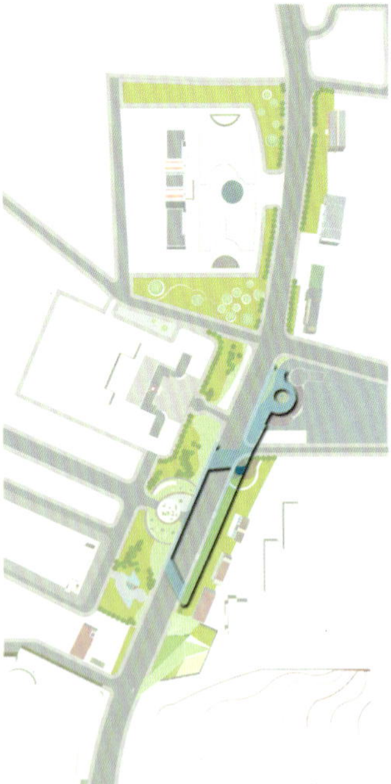
二层总平面图

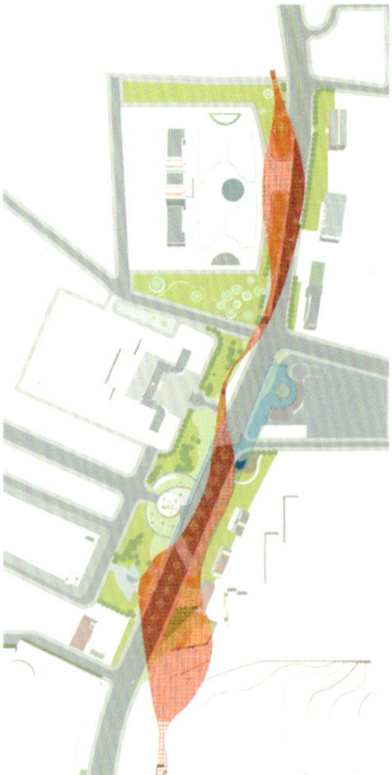
三层总平面图

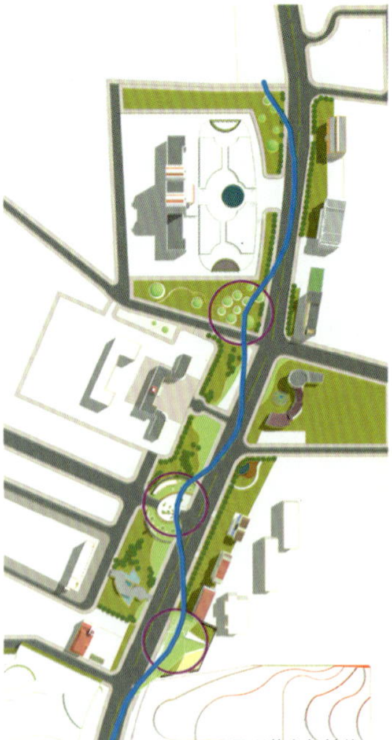
景观节点与轴线

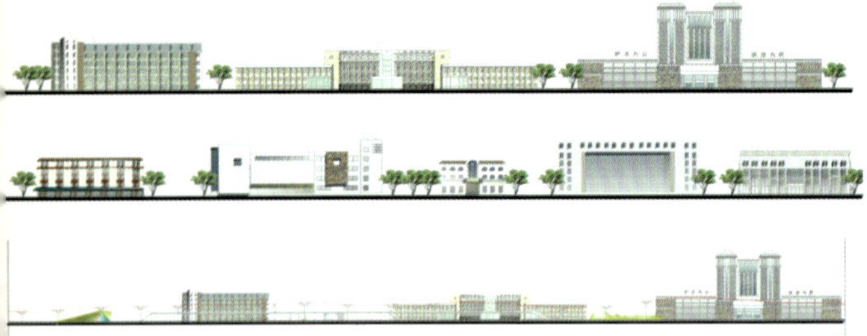
沿街立面图

剖面A-A1

剖面B--B1

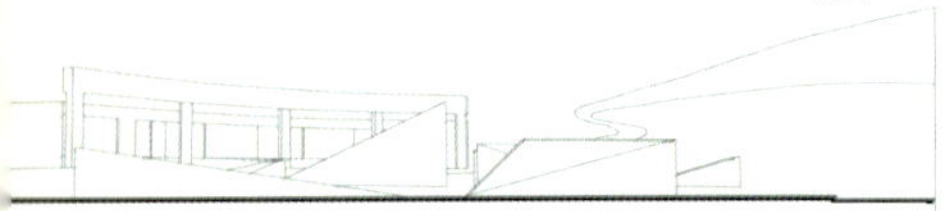
剖面C-C1

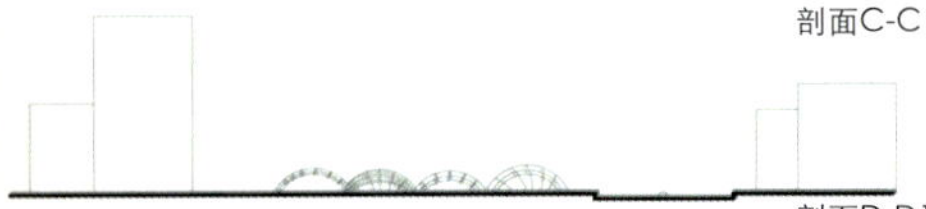
剖面D-D1

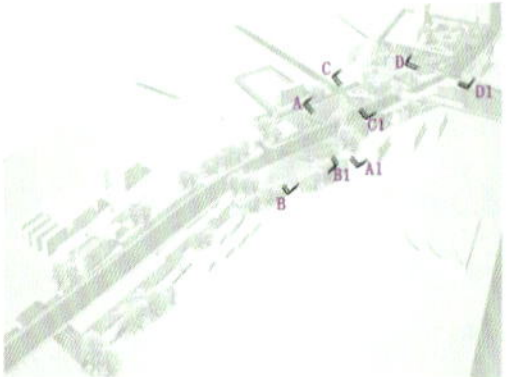

支撑构架

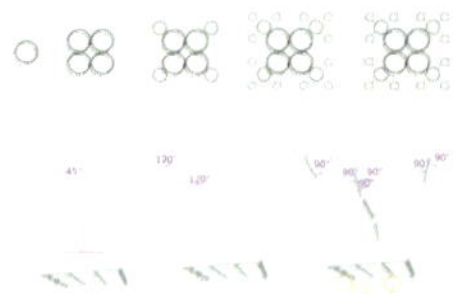

构架分析

剖断示意

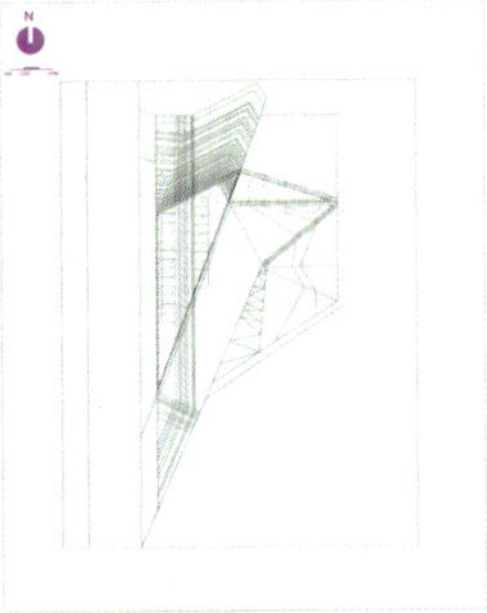

停车场

学校

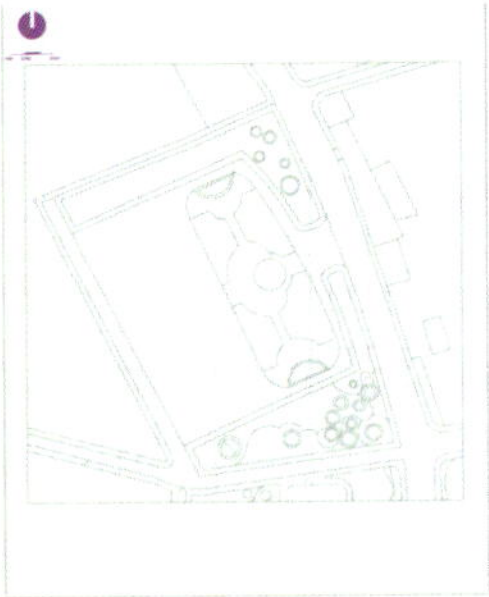

政府

室外广场空间

半开敞入口空间

渗透 开放 融合（佳作奖）

山西大学综合景观规划设计

刘玉洁 中央美术学院

强调空间的交往性，创造一种场所精神，能够激发同学们的好奇心、促进随意交流谈话、娱乐、休闲、疏松心理等，形成渗透、开放、融合的校园空间环境。

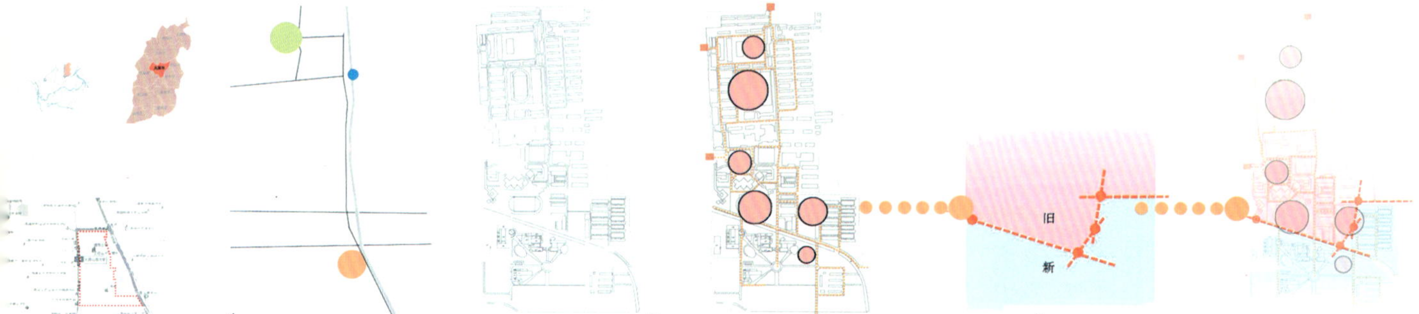

1. 2. 3.

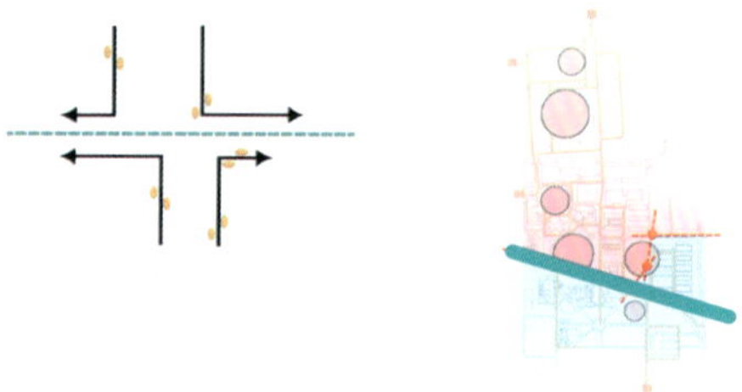

4.

河流在同学们的潜意识里成为南北校区的分界线，所以我把它做暗河，保持学校的整体性。

概念衍生图

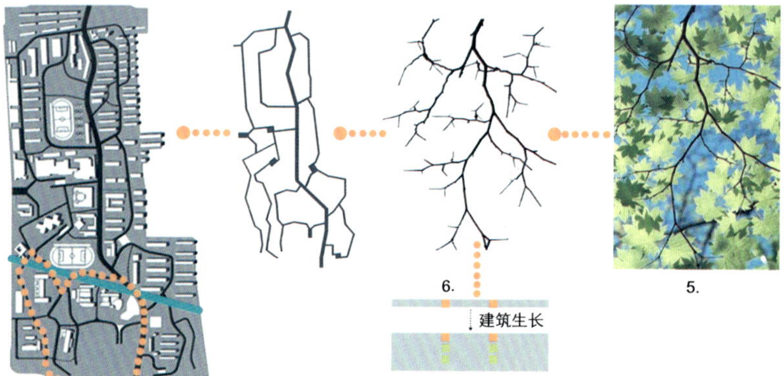

7. 6. 5.

大自然给予我们丰富的想象和创作激情，每一种形态，每一种现象都在引发我们进行有意识的思考与创造。

1. 位置;
2. 现状平面;
3. 现状分析;
4. 河流位置;
5. 示意图片;
6. 形态演变;
7. 改后的平面；
8. 重点设计区域功能示意；
9. 示意图片；
10. 交通流线演变；
11. 建筑改造示意；
12. 示意图片；
13. 抽象形态；（橘黄色区域为重点设计区域）

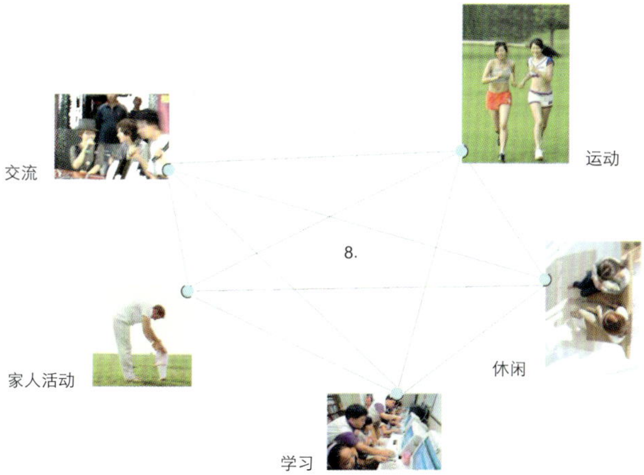

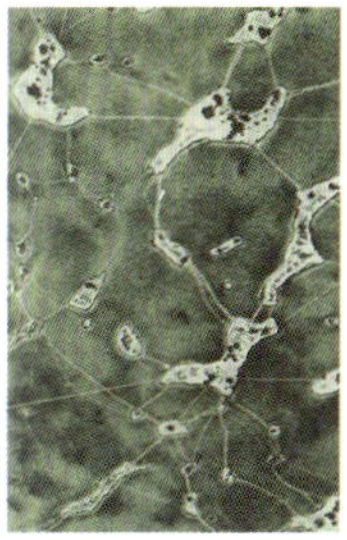
9.

10.

动、植物对资源需求的行为方式

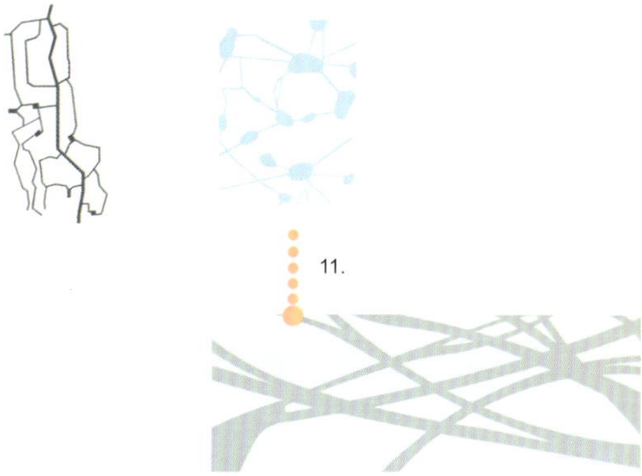
11.

建筑立面

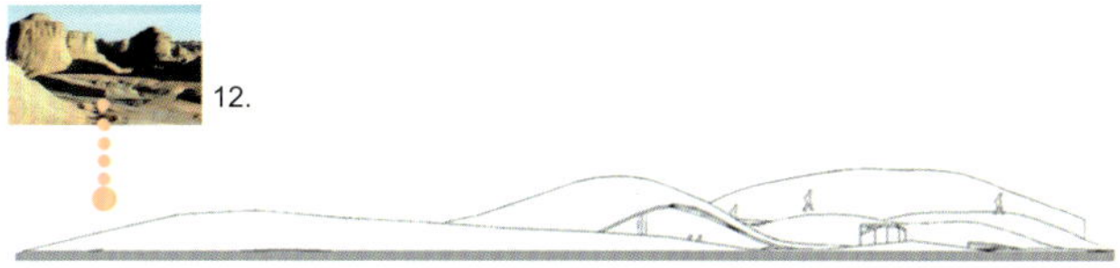
12.

13.

立面

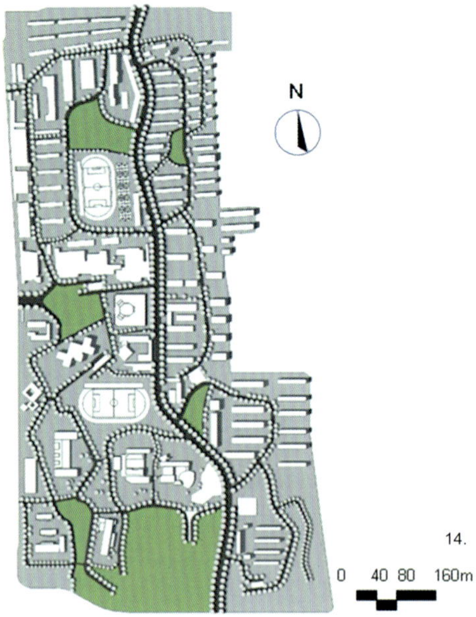

14.

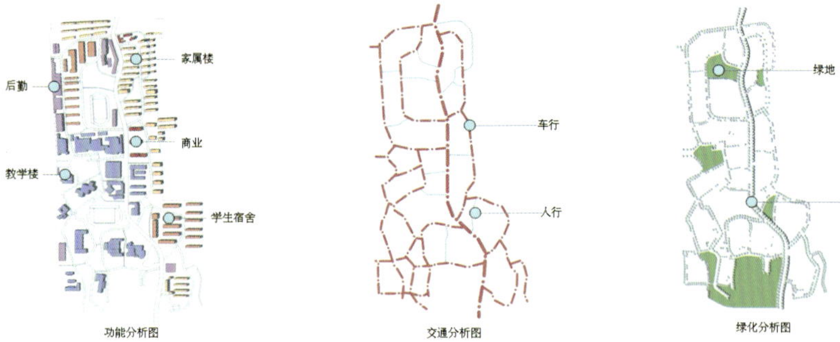

15.

14. 总平面图；
16. 重点设计区域平面图；
18. 重点设计区域功能结构分解；
15. 总平面分析图；
17. 重点设计区域分析图；
19. 局部剖面图。

19.

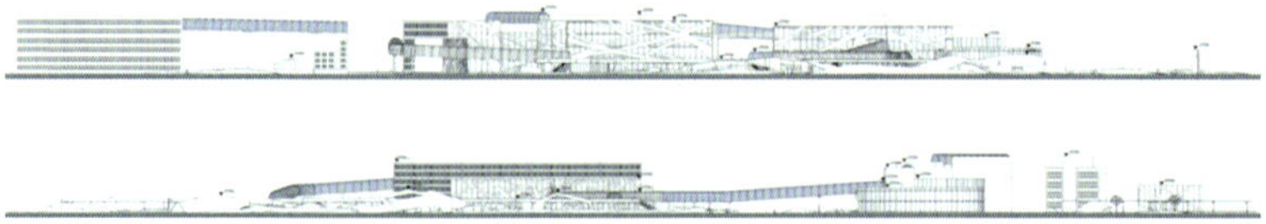

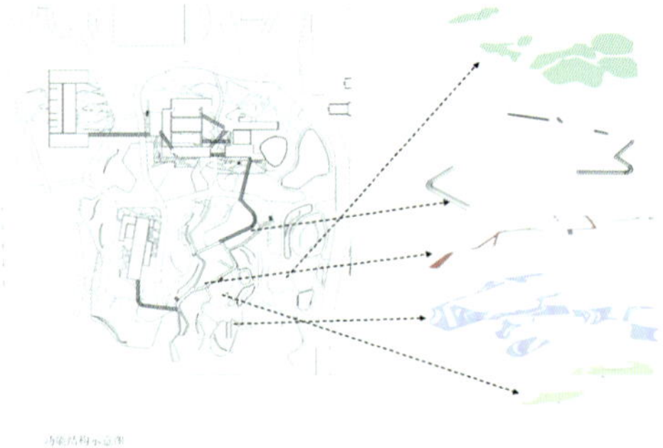

18.

17.

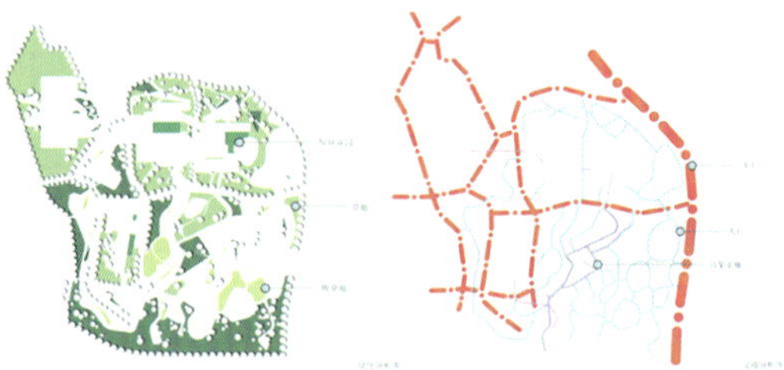

16.

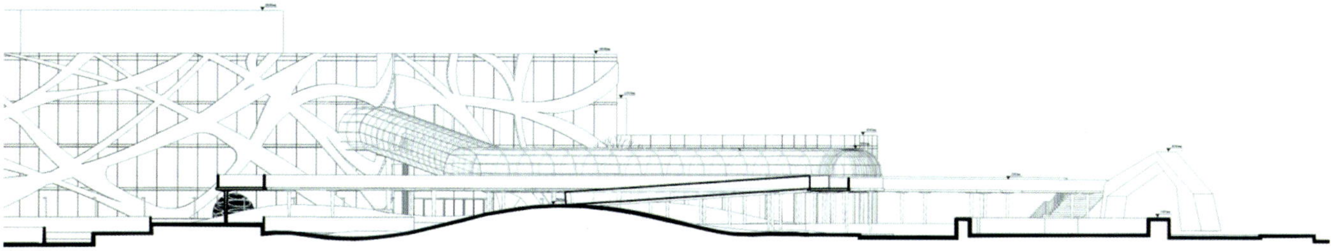

剖面图A

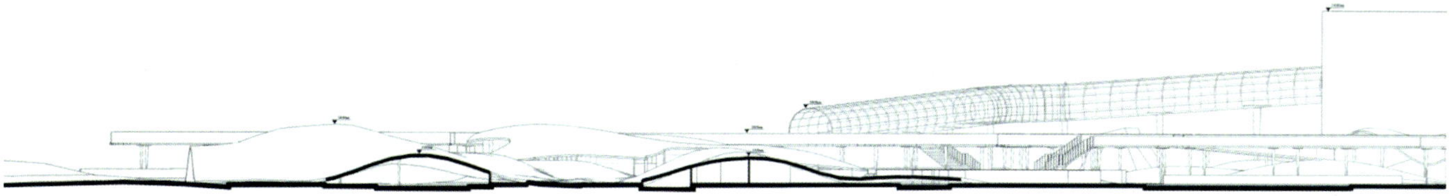

剖面图B

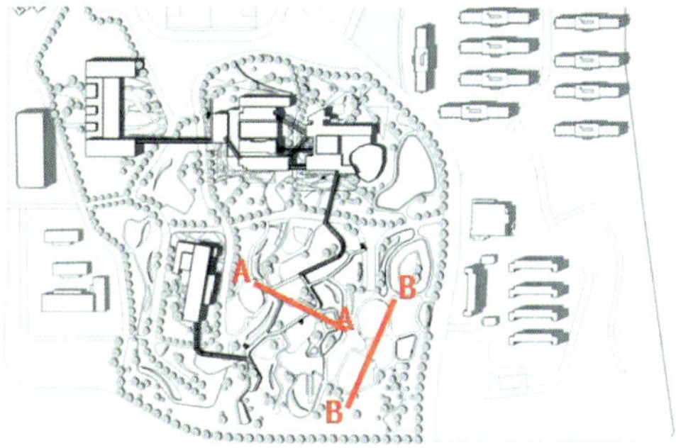

建筑立面效果

人性化休闲廊道

鸟瞰图

建筑连廊

有机形态半室外空间

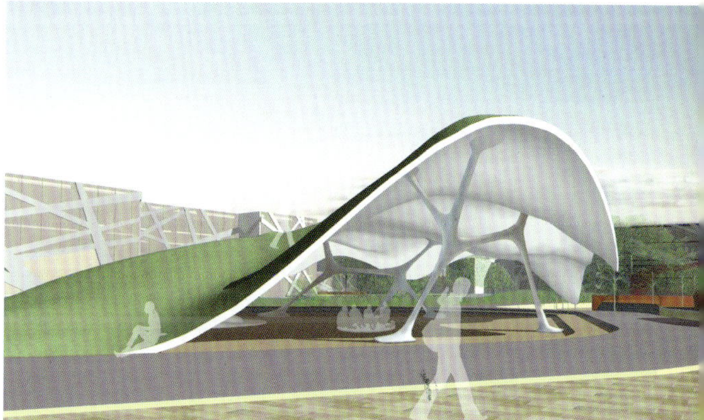

激活 穿梭 蔓延 再生（佳作奖）

北京751建筑景观综合改造设计

吴靖　中央美术学院

751，这片原来的工业重地因为时代的变迁慢慢地退出了历史的舞台，而又因为时代的发展被赋予了新的使命。现在的 751，再也听不到机器的轰鸣，看不到在忙碌的工人，取而代之的是用旧厂房改造的艺术工作室，和服装设计师、时尚人士的身影。

在 751，完整地保留着 2 座高 68 米，直径 67 米的螺旋式大型煤气储罐、座座重油裂解高炉、纵横交错的管道、高大宽敞的厂房、宏伟壮观的锅炉群、铁路专用线、输煤带、大型吊机……这些饱含浓厚工业文化气息的设备建筑一起构成了一道独特的风景，记录着时代的风风雨雨与印迹。

现在这些大家伙的机械设备虽然作为工业设施的意义早已不存在，但是它们作为历史的见证依然留在了那里。并且成为 751 最大的也是最值得骄傲的资本，因为这种历史感和工业文明是现代建筑无法展现的。

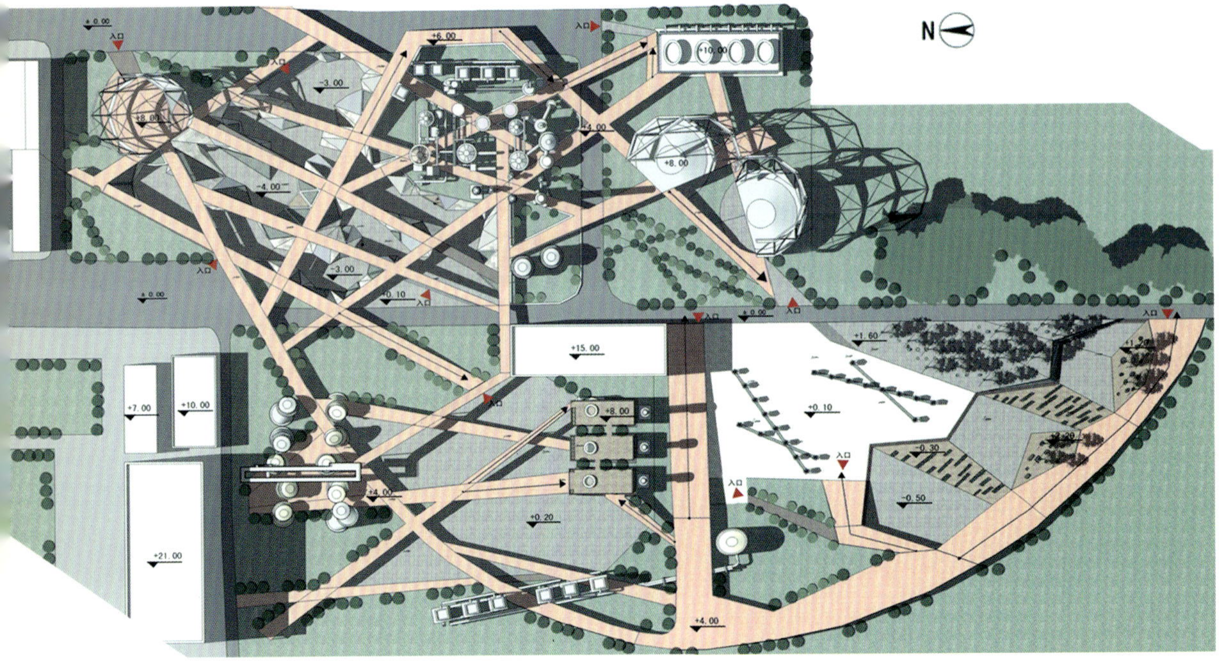

基地范围

基地周边交通分析

现状交通分区图

现状功能分区图

规划交通分析图

规划功能分区图

规划景观节点分析图

实景照片

概念模型效果图

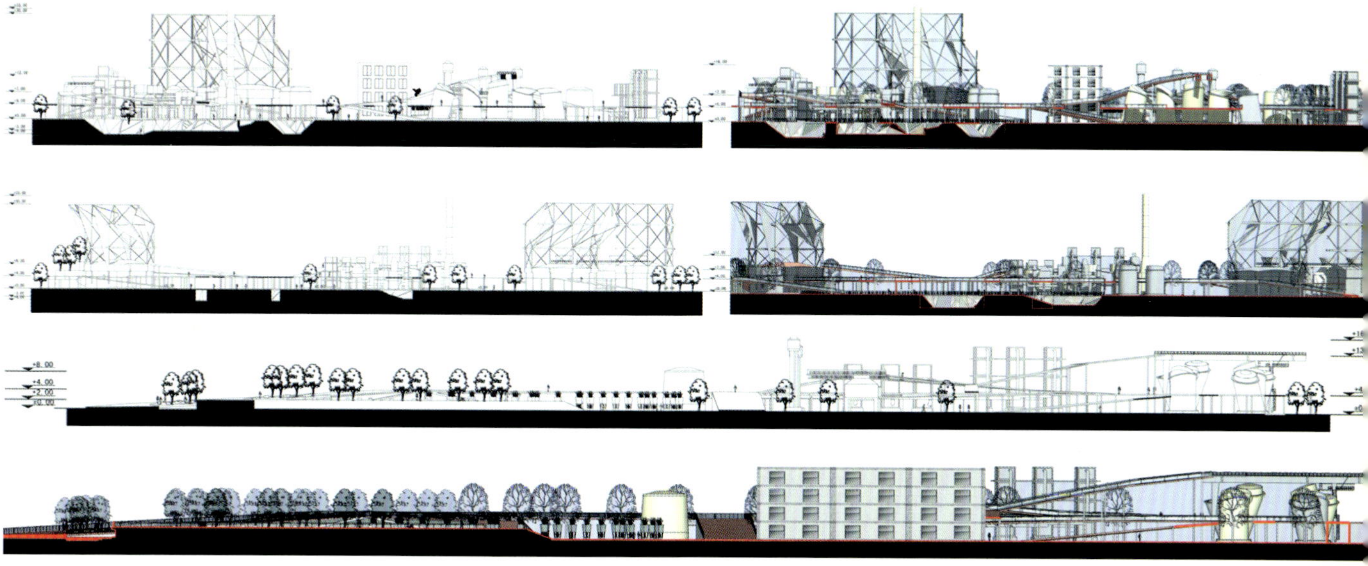
+8.00
+4.00
+2.00
±0.00

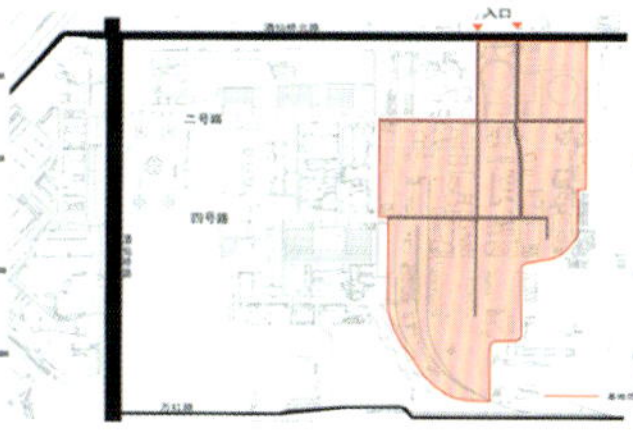
入口
酒仙桥北路
二号路
四号路
万红路

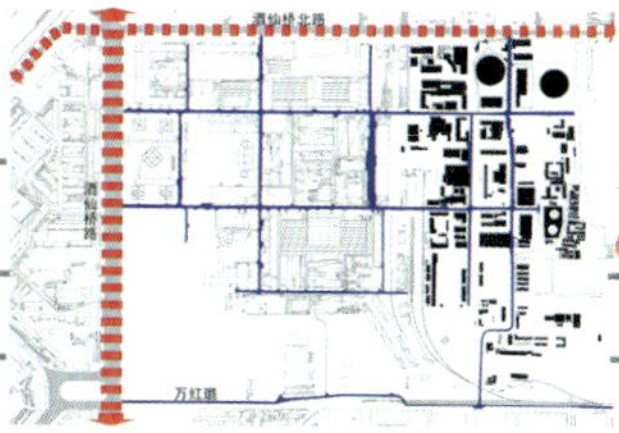
酒仙桥北路
酒仙桥路
万红路

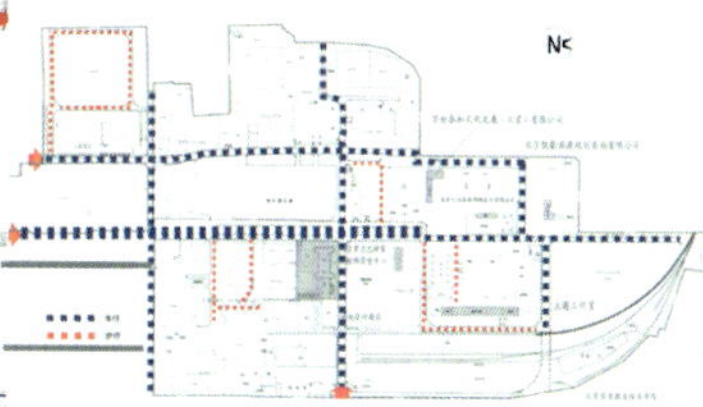
N

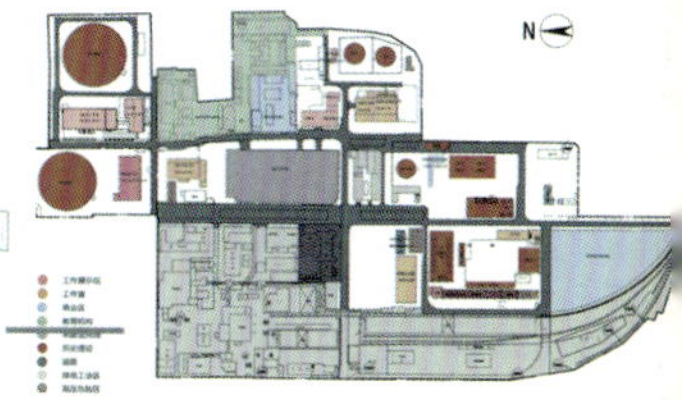
N

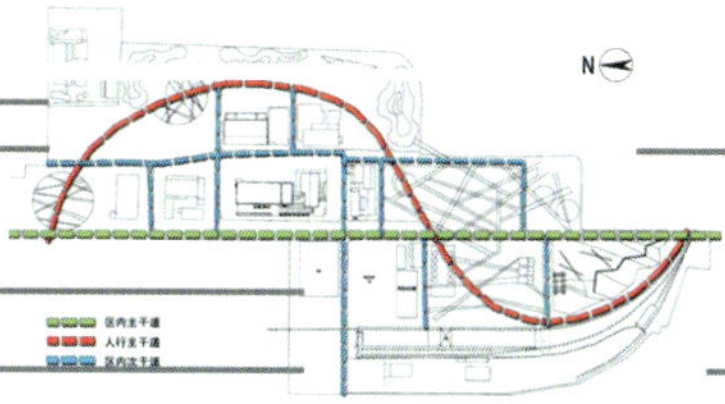
N
区内主干道
人行主干道
区内次干道

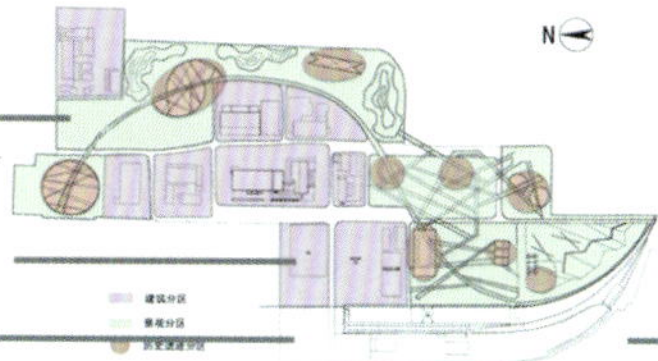
N
建筑分区
景观分区

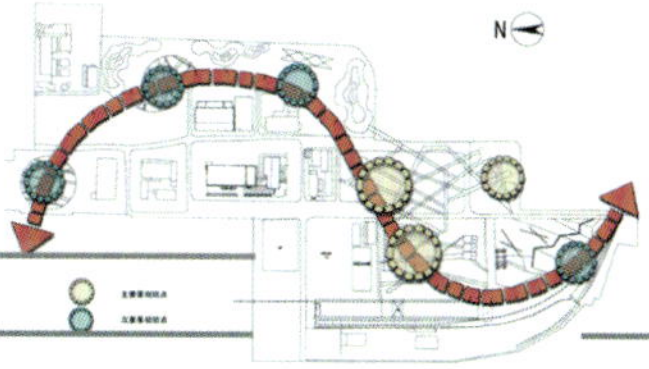
N

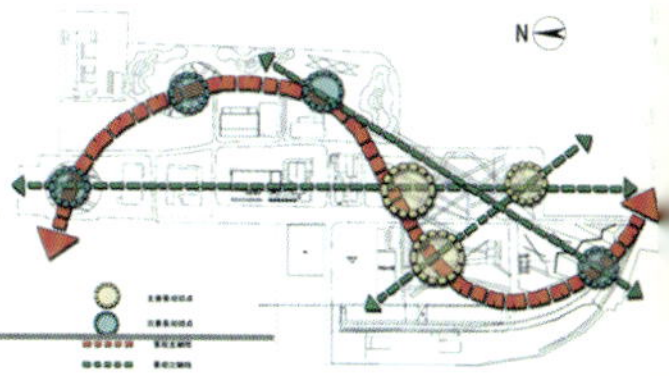
N

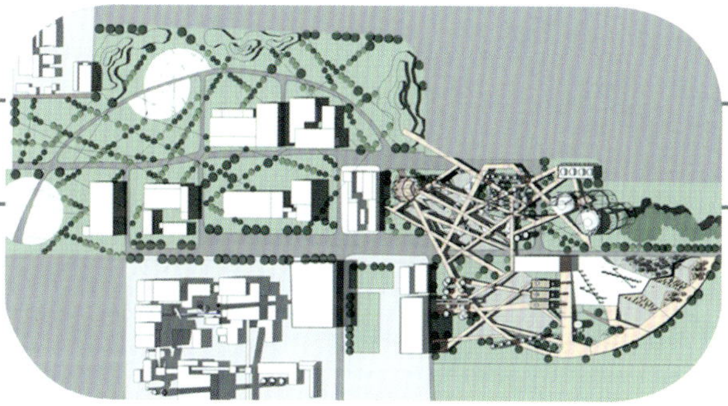

根据 751 独特的“性格特征——质朴的红砖墙、饱经风雨的锈铁印迹、震撼的工业构筑物造型……”，我认为应该要充分利用场地禀赋，再利用场地的建筑和景观元素，使之成为一个融合现代艺术展示、文化与生态休闲、影视及多媒体娱乐为一体的独特场所，称之为“再生……”——激活、穿梭、蔓延。

在设计改造过程中，根据原有道路肌理和历史遗迹的分布形式，置入一个双曲线形式的景观轴线，同时将各个历史遗迹串联在一起，并与原有路网重叠交错，最终形成新的规划形式。在节点细部深化过程中，将串联的历史遗迹通过不同的线性轴线关系连接在一起，构成新的交织的构图形式，提取与之相关联的穿插线组成平面。在立面处理上，根据每个功能体块的不同，形成上下交错的坡道，廊道，平台，穿梭在整个园区中。园区的功能组成是地下展览区、历史遗迹游览区、服装表演区、餐饮休闲区、娱乐表演区、露天广场区。每个功能能区块都与原有工业文化紧密结合，凸显出 751 独有的空间形式。在色彩设计上，选择了红色的构架形式，吸引人们的目光，同时有钢板铺地、木质铺地、石板分布在其中。整个园区构架通过不同的高度处理，形成上下穿插的空间，使人们穿梭在其中能感受到丰富的空间变化，同时更好的体现工业景观的趣味性。

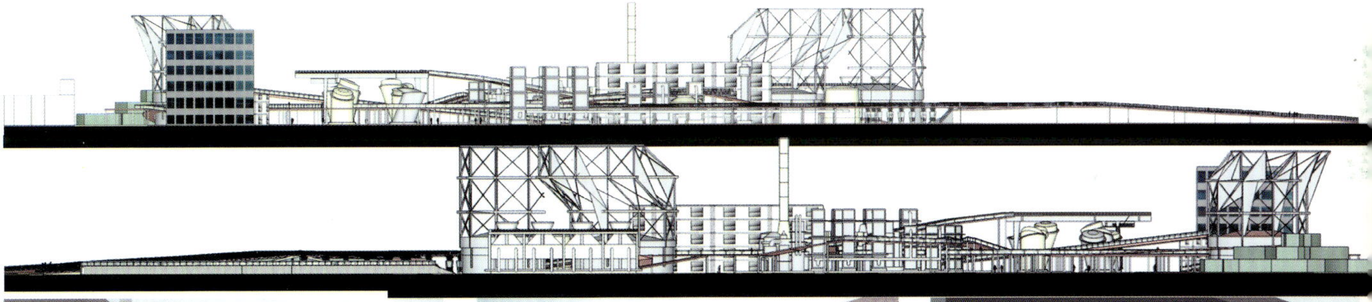

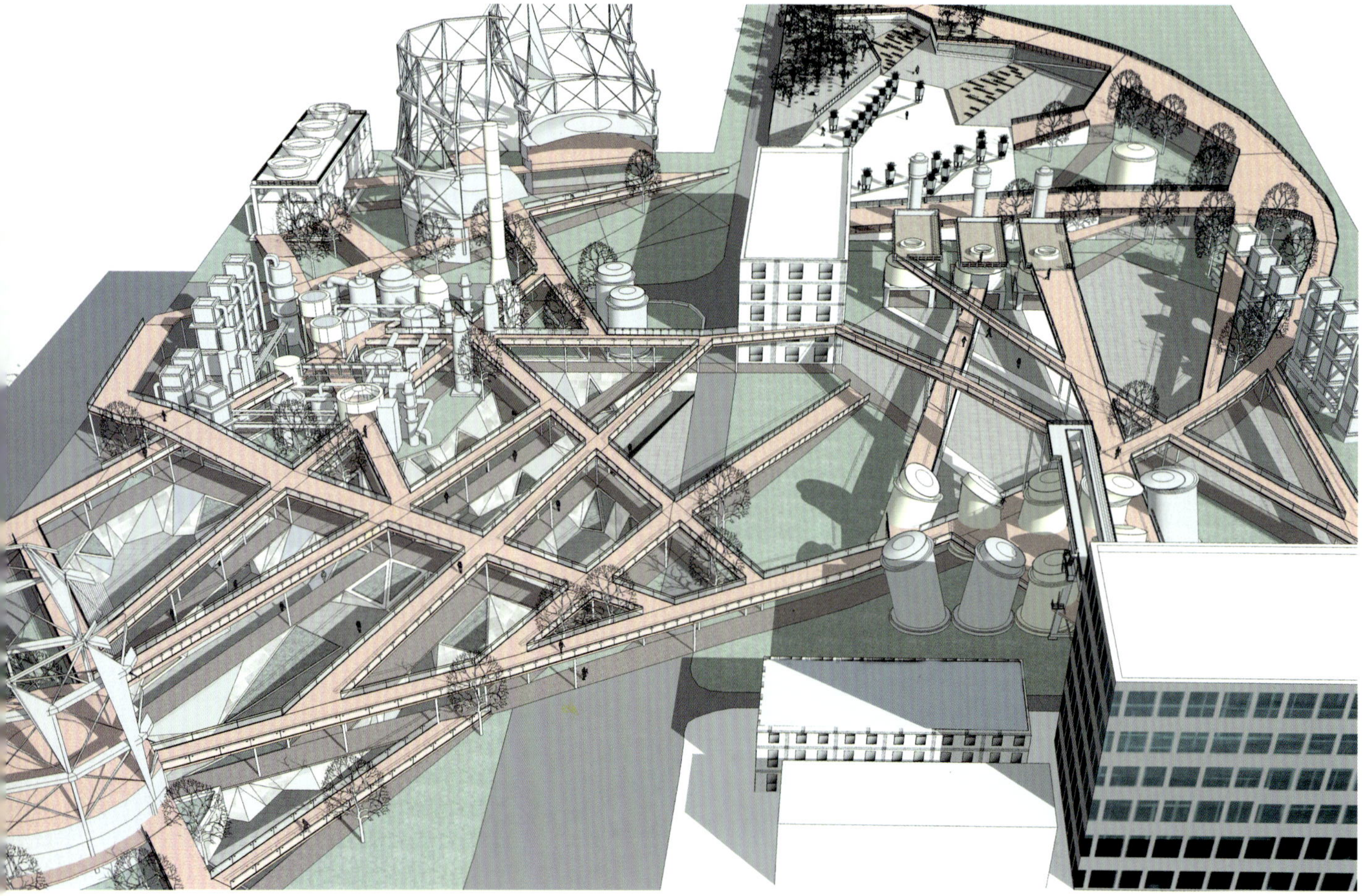

露天广场

空中连廊

地下展览区

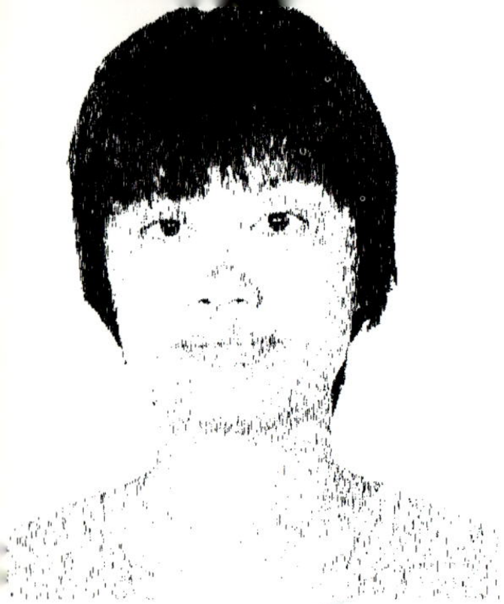

山西大学景观规划设计（佳作奖）

平面空间的可能性

伍晓雯　中央美术学院

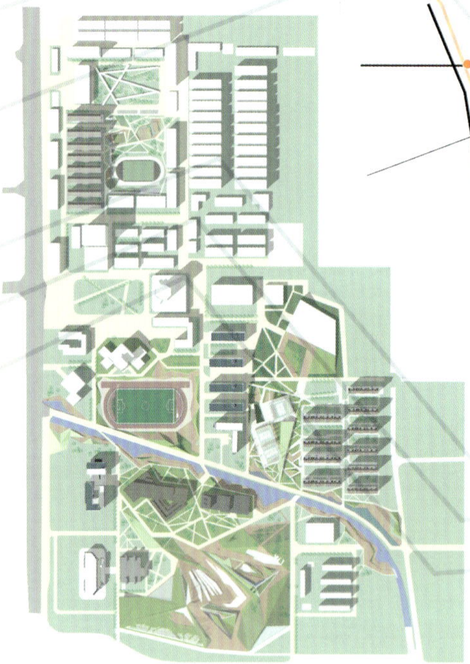

基地地理位置：山西太原
气候条件：
属暖温带、温带大陆性气候
冬寒夏暖，四季分明
年平均温度在 8°～10°C
山西大学概况：
山西大学地处山西省省会——太原市，是一所办学历史悠久文化底蕴深厚的高等学府。1902 年 5 月 8 日山西大学堂正式开办，与京师大学堂（北京大学）、北洋大学堂（天津大学）一道开创了中国近代高等教育的新纪元。

设计意向：
学校户外的公共空间是学校无形的第二学堂
交流 = 更多空间形式的组合
对于单一有限的用地环境，我尝试探讨平面空间通过不同方式的折叠和挤压，形成丰富的空间层次。

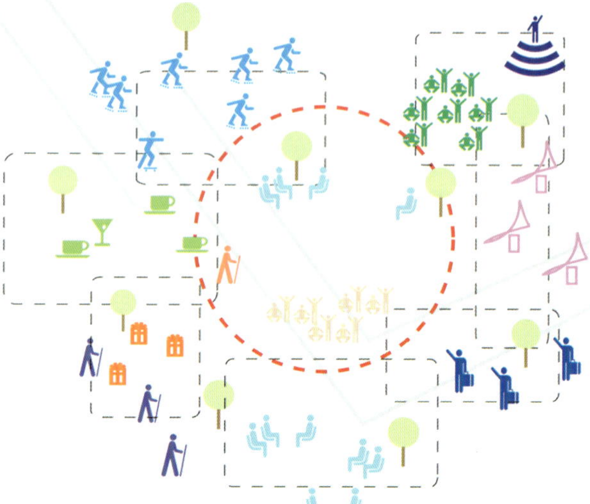

学校的户外空间是丰富的街道生活

学校景观

校园户外景观空间是学校与学生练系最为密切的空间通道，每位学生或生活居住在校园里的人都息息相关。无论是有目的的通向目的地，还是享受校园宁静的环境场所， 校园的景观空间都但担任着被穿越的用途。校园景观的可变性有多大呢？怎么才能使每天面对同样生活节奏与秩序的规划能有所触觉？在这次山西大学的景观设计中，我尝试去探讨校园有限空间的可能性，在景观设计中结合周边区域的功能需求，使校园生活更有活力与持续性发展。

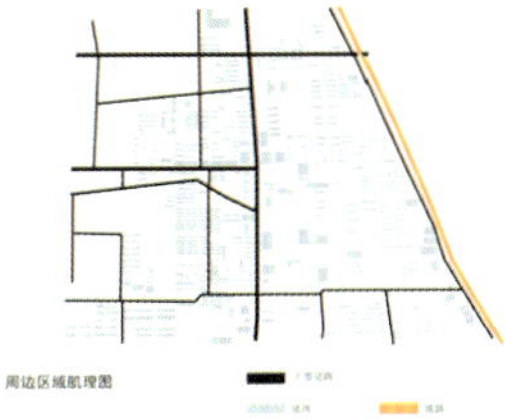

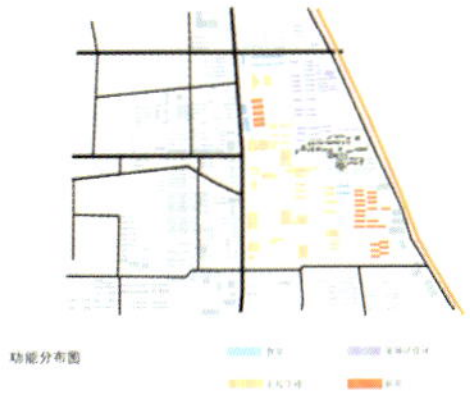

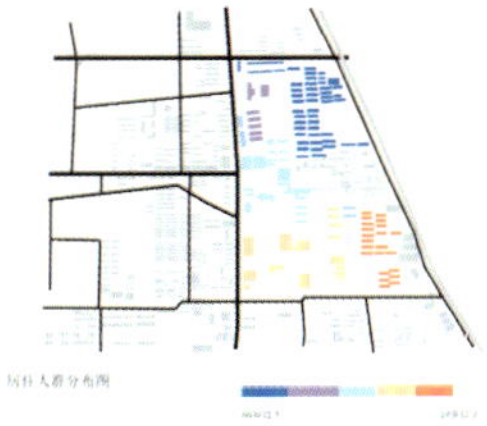

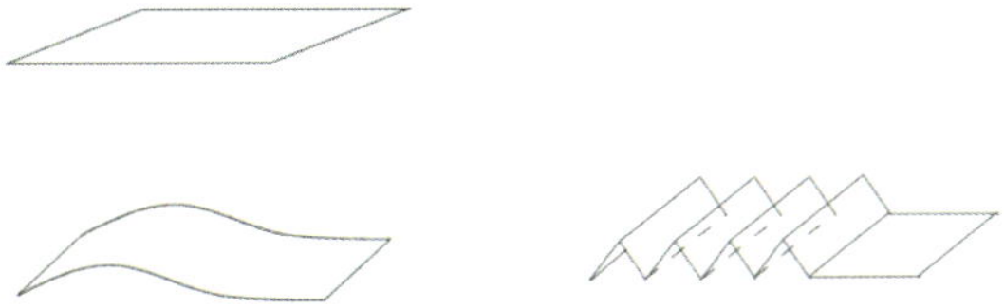

探讨局限平面创造的多样性。通过对一张纸面的折叠和积压，折痕所形成的痕迹作为新的讨论交流形式，满足多人，多种组合的交流需求。水平与垂直空间产生相撞，在平面路径上折线的路径延长人在行走的过程，间接或直接地参与到同一时间的故事事件当中。

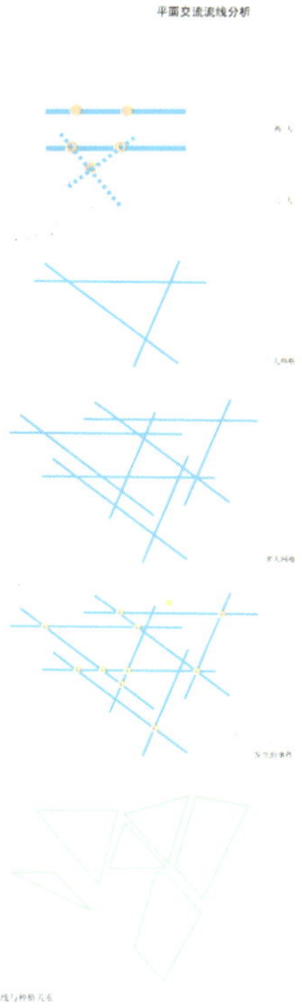

对户外公共空间的重新组合

在规划概念上，对山西大学主要四个活动区域进行重新的整合，分为四个以运动场所为主的公共活动空间。分别为 A 区的中心操场，主要以 400 米环形跑道为主要集中广场，承担山西大学大型的比赛专业场地。B 区月亮苑的室内活动中心是 A 区的一个补充的运动场所。C 区艺术景观区是通过折线形式在与地面发生挤压形成的围合空间作为演奏场所，室外电影院于茶吧空间，吸引学生更多的参与到南部校区的活动。从而通过这三个不同类型的活动场所活跃校园动线。

景观设计策略：Soft -------------- Hard
北校区到南校区　　自然景观——硬质景观的过渡

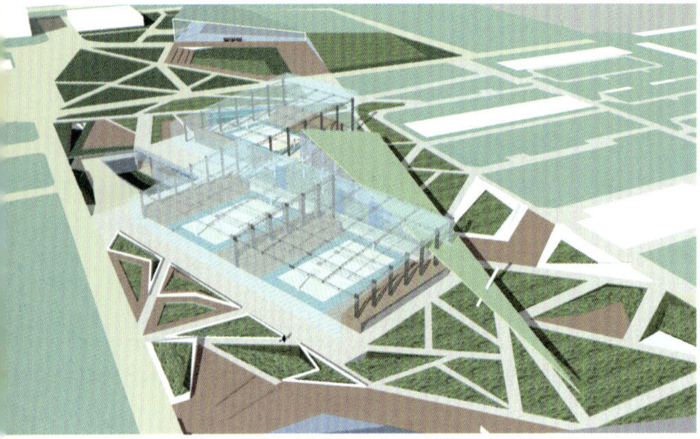

鸟瞰图

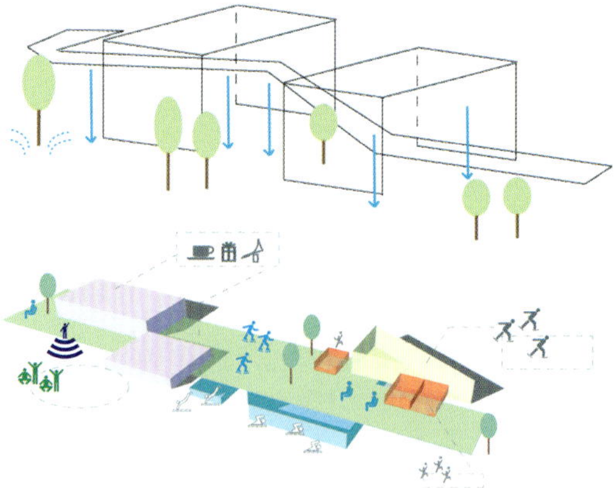

月亮苑景观区

以半室外篮球场为主要活动盒，连接下层游泳池，形成可以适合四季活动的运动场所。为了更好地与周边的滨水区进行连接，从雨篷留下的雨水可以用于灌溉，和地下更衣室厕所等污水处理，与滨河区形成一个有机的水循环系统。

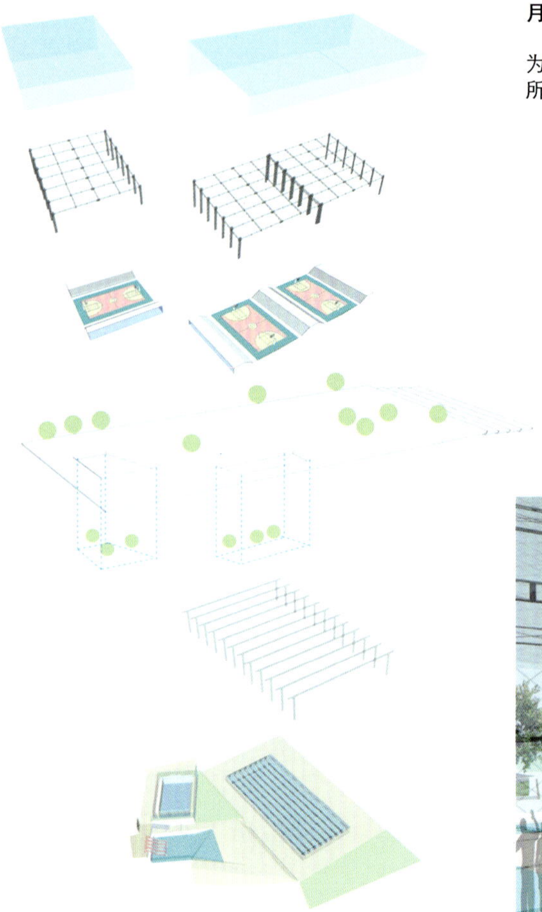

空间分解图

地下游泳池

篮球场

月亮苑景观区透视图

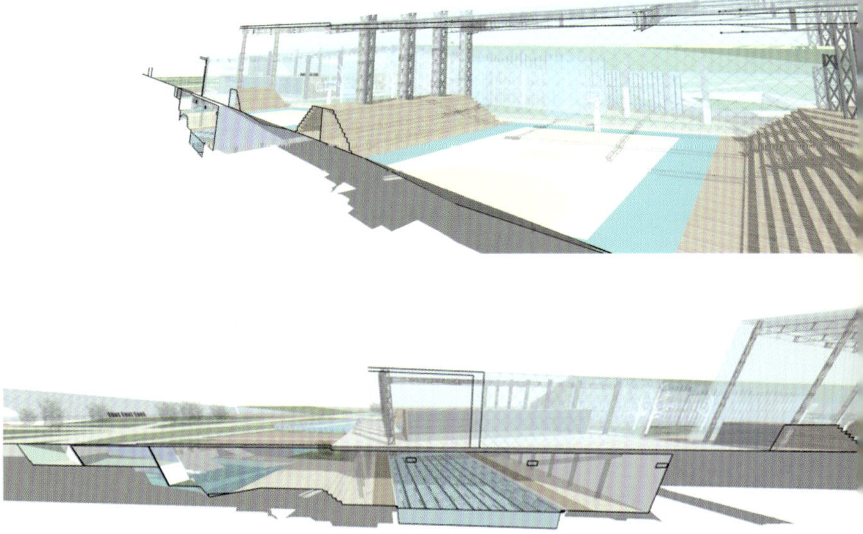

月亮苑空间剖面图

艺术区景观节点

艺术区景观空间主要是以表演空间为主，以折线的延长轨迹作为观众席，形成的围合空间能融入更多的人参与到其中，半地下的展览空间和室外电影院丰富了校园活动的项目。

艺术区景观区透视图

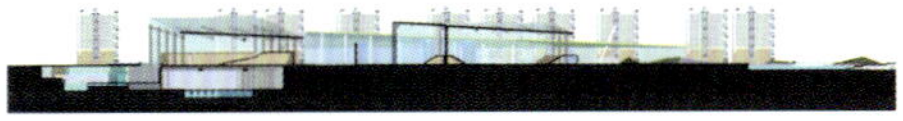

剖面图

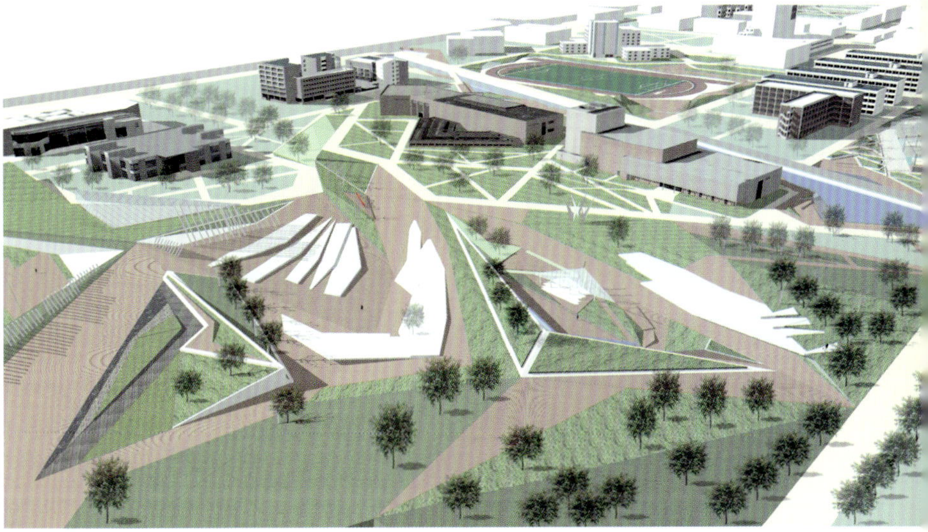

丝带串珠——Connection（佳作奖）

联丰北路建筑景观改造设计

邹小杰　中央美术学院

整条路现状分析

秦皇岛位于河北省的东北部，北戴河海滨地处河北省秦皇岛市中心的西部。

联峰北路位于京沈高速引线入口，西与剑南路，剑秋路相连，东与滨海大道相连，全长 5000 米，红线宽度 50 米，是北戴河的迎宾路。

城市位置

海滨位置

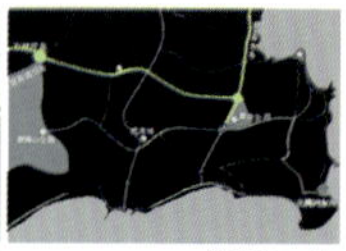

街道区位

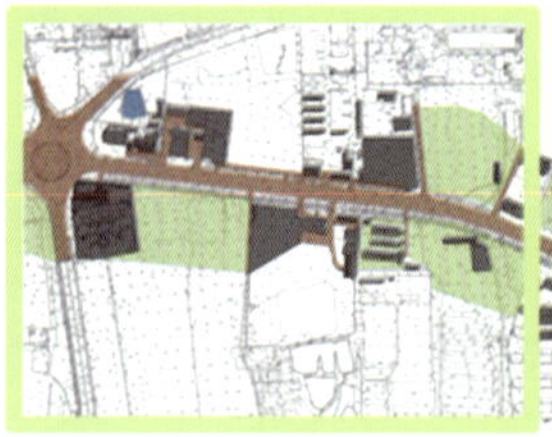

街道现状

北侧天际线

南侧天际线

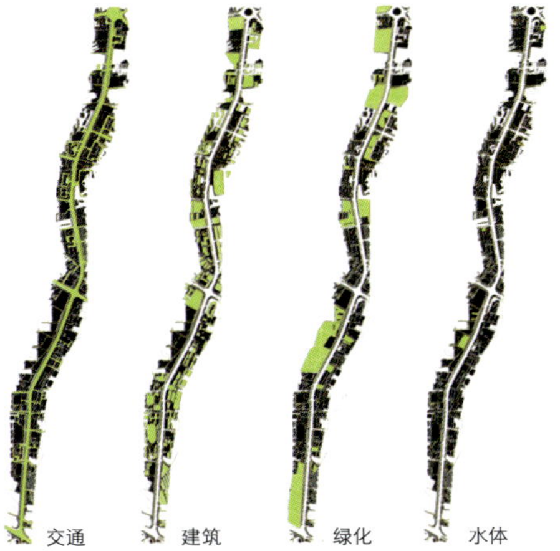

交通：联丰北路是北戴河区贯穿东西的主要交通线路，道路两侧路网密集，由此可以延伸到北戴河的内部，是北戴河最重要的一条路。

建筑：道路两边密布着不同类型的建筑，功能分区非常齐全，包括了行政，居住，商业以及各种服务性行业。这些不同性质的建筑，在组织和排列上，比较凌乱，建筑风格也十分不统一。

绿化：绿化面积除有几大块较大的绿地之外，整条街的绿化设计严重不足。沿街的绿化，以及植物的配植，都不能体现北戴河作为一个滨海旅游城市的特点。

水体：联峰北路对于北戴河整个城市来说，处于内部，离海有一定的距离，街道中没有为公共设置水体系统。

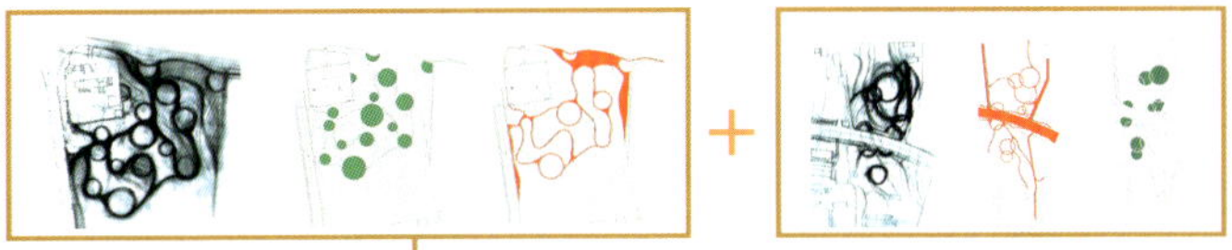

优势条件：基地本身丰富的地形变化，内部有大面积的绿地。

不利因素：平庸感、被动感、冷漠感、孤立感。

采用个性化的景观设计，使进入北戴河的人明确所进入的场所，起到引导性的联系作用。充分利用地形优势，并注入新功能，吸引新人群进入。采用图形化的语言，既醒目有给人亲切感。

场地条件

Connection = 平面蔓延 + 垂直渗透 + 新功能植入

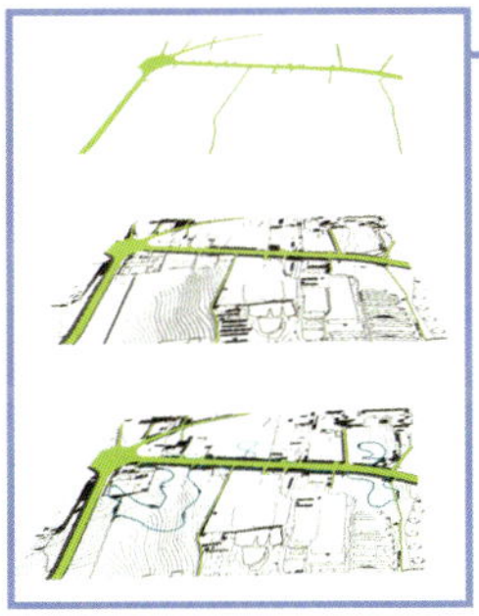

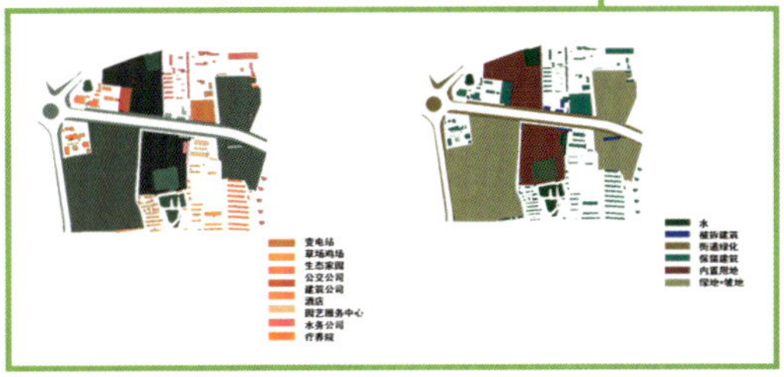

入口处，交通环岛，主要作为观赏和代表性作用。

作为娱乐和休闲的场所。

接近人口密集区，中心设计了简单的广场，可以作为聚会和露天广场。

平面图

设计原则

1. 体现出作为迎宾路的特色，给进入北戴河的人留下深刻印象。
2. 作为移动的风景，景观的形式图形化，尺度扩大化，使在快速经过的情形下也能观赏到。
3. 建筑和景观相互和谐。
4. 新功能的加入，即能满足于周围人群，也吸引外来人群。
5. 活动场所空间丰富，舒展，有大面积的草坪作为舒缓区域。
6. 独特的灯光设计，形成不一样的北戴河夜景。

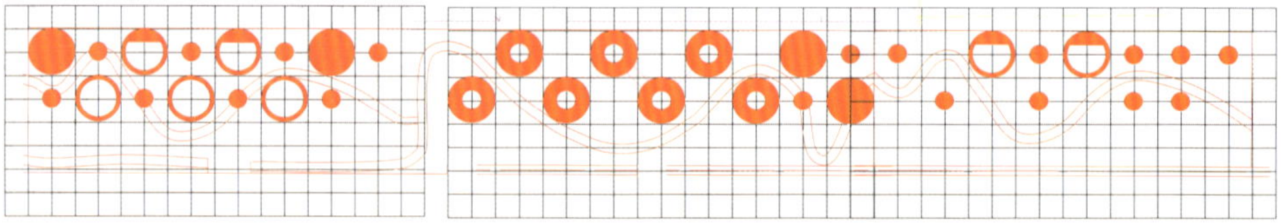

建筑前的景观节点以10米×10米的网格为基础，确定其平面形式

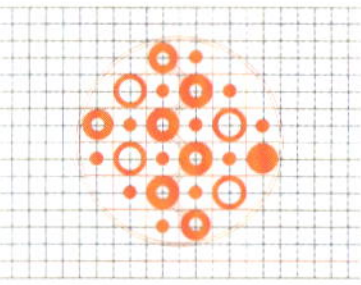

环岛处的景观节点以10米×10米的网格为基础，确定其平面形式

东立面1:100

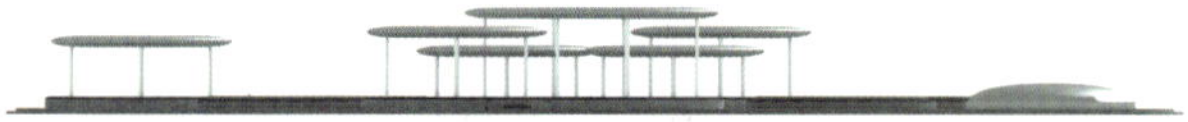

西立面1:100

节点 1

对入口处的节点主要加入了灯光设计，给夜晚进入北戴河的人以鲜明印象，同时在形式上采用圆这种图形化的语言，在尺度上宽为5—10米，高为3.5—5米，使进入北戴河的人都能在第一眼看到它，从而也成为导向性标志。

节点 2

加入新的功能，以吸引外来人群的加入，从而达到激活这一场地的目的。

在有高差的地形上设计了很多下陷的圆，用弯曲的小路将这些圆串起来，同时在里面附加了新的功能，如小休憩吧，简易篮球场，滑板区等，来吸引年轻人的进入。

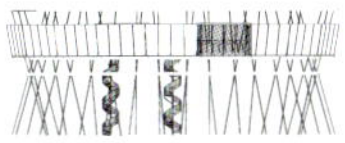
北立面 1：200

南立面 1：200

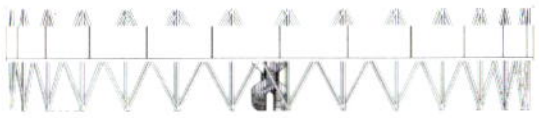
南立面 1：200

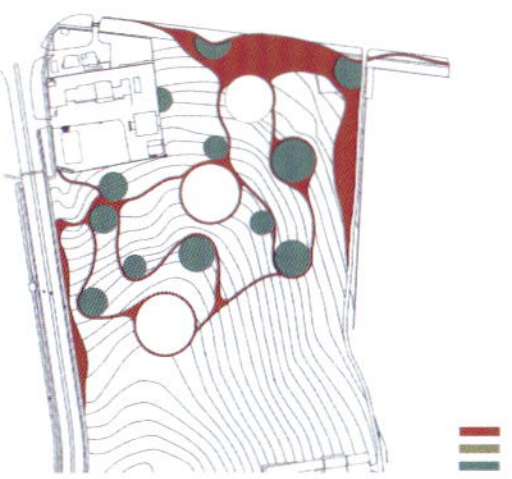

节点 3

围绕广场设置了许多的灯光，来提升人气，吸引人群。

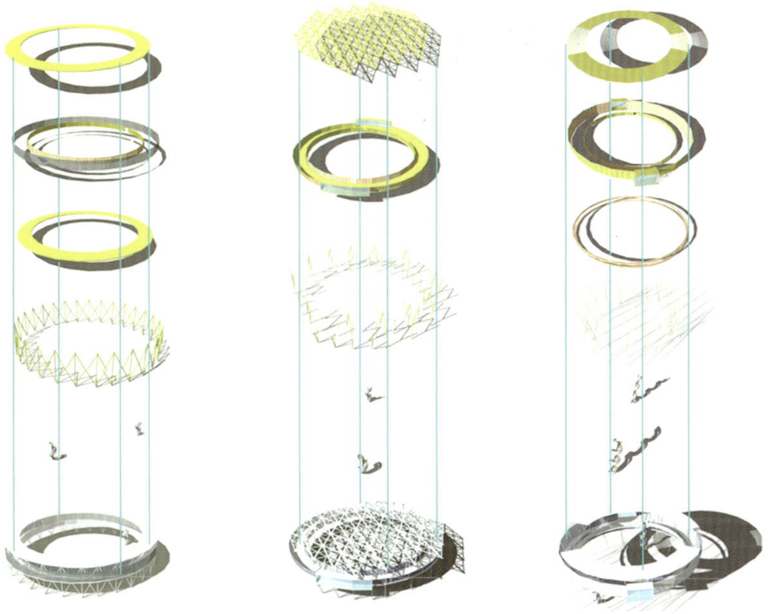

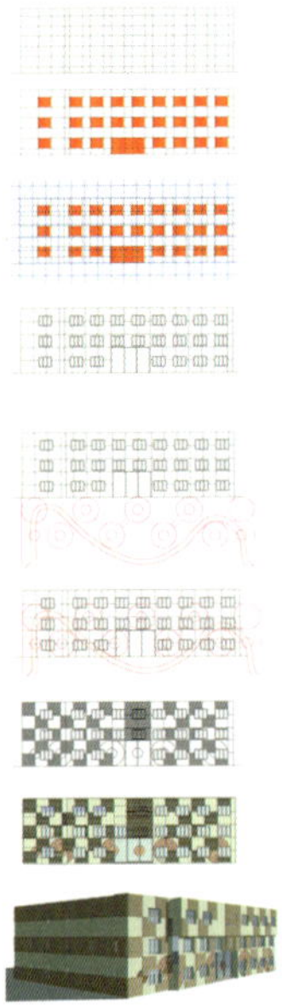

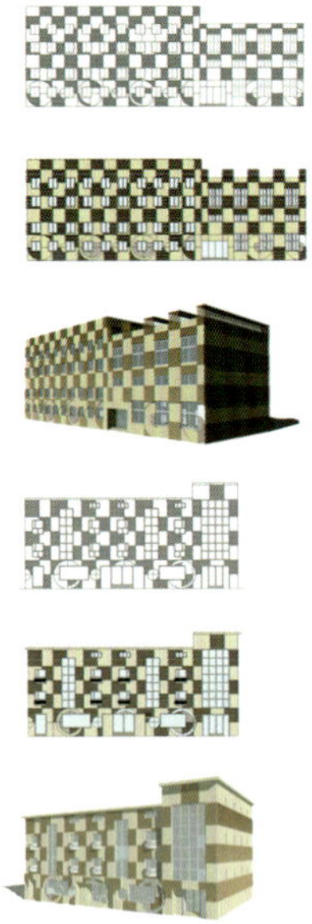

我的认识

北戴河并没有形成自己独有的建筑风格，作为迎宾路的建筑改造，它的建筑风格更多是由我们来设计。

北戴河作为一个年轻的城市，并没有很多的历史遗留，又作为一个海滨旅游城市，城市门户的建筑形象，应该是时尚，富有朝气的。

缓冲区的建筑，主要是服务性行业，建筑密度很稀疏，改造的形式采用统一的语言，色彩上采用轻盈明快的颜色，给人以放松的感觉，颜色统一为一种色调，使相互有联系。

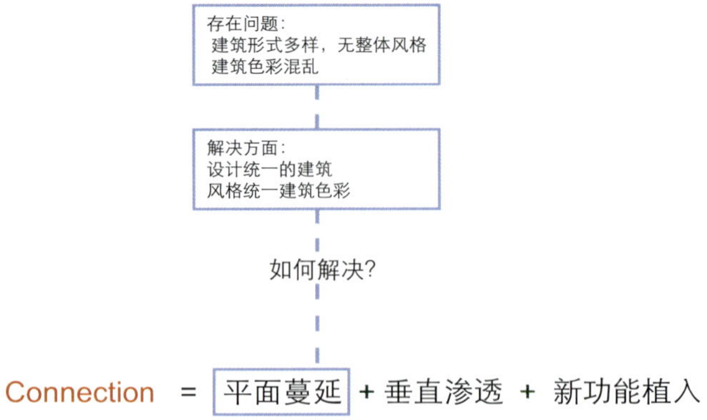

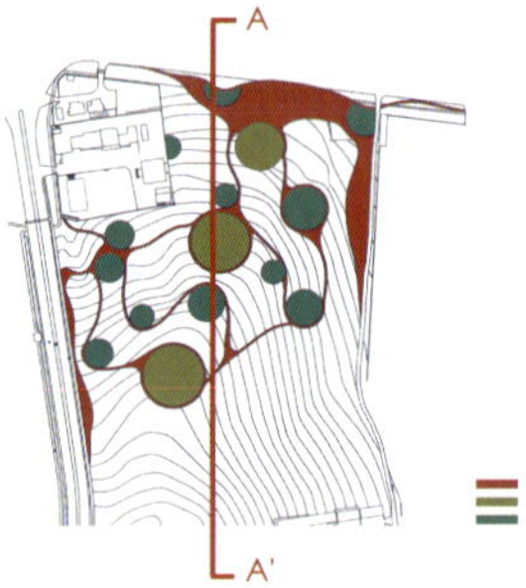

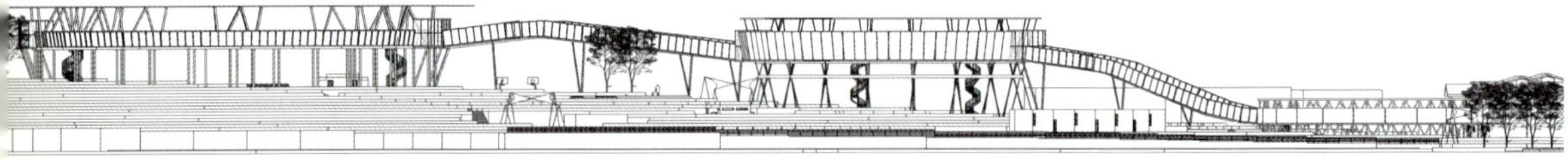

立面图

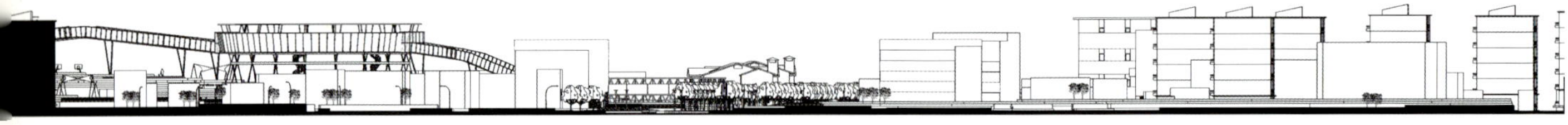

剖面A-A'

下沉广场景观

广场全貌

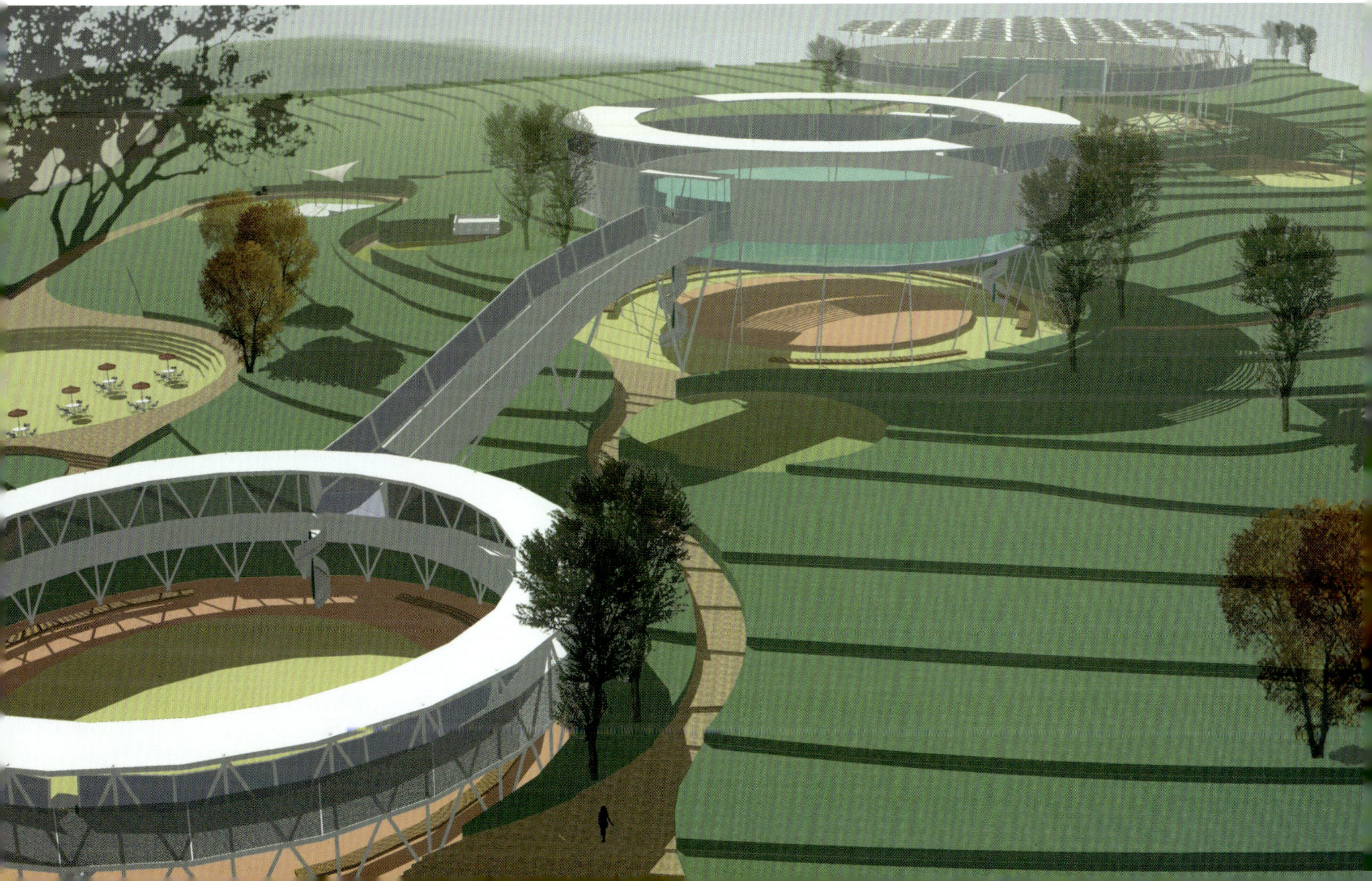

图书馆交流空间设计（佳作奖）

中国青年政治学院图书馆设计

贾丽丽　清华大学美术学院

就图书馆而言，因为它特定的目的和需求，人们要求它具有可交往的功能，读者通过查阅书籍，阅读书籍获得信息，人与书籍，人与信息，人与人之间都直接或者间接地得到行为上的互动。人与书籍，人与信息，人与人之间都能自由随意的到直接或者间接地得到行为的互动与交流。

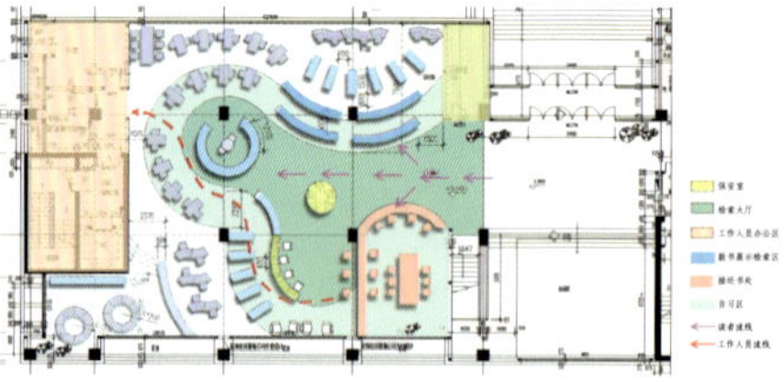

二层检索大厅平面图

三层期刊阅览平面图

二层检索大厅

为了营造一层检索大厅自由开阔的气氛，一层没有划分任何的隔断。用地面的不同材质区分几个不同的区域。深绿色人流使用上面最为频繁，浅绿色区域相对隐蔽安静。

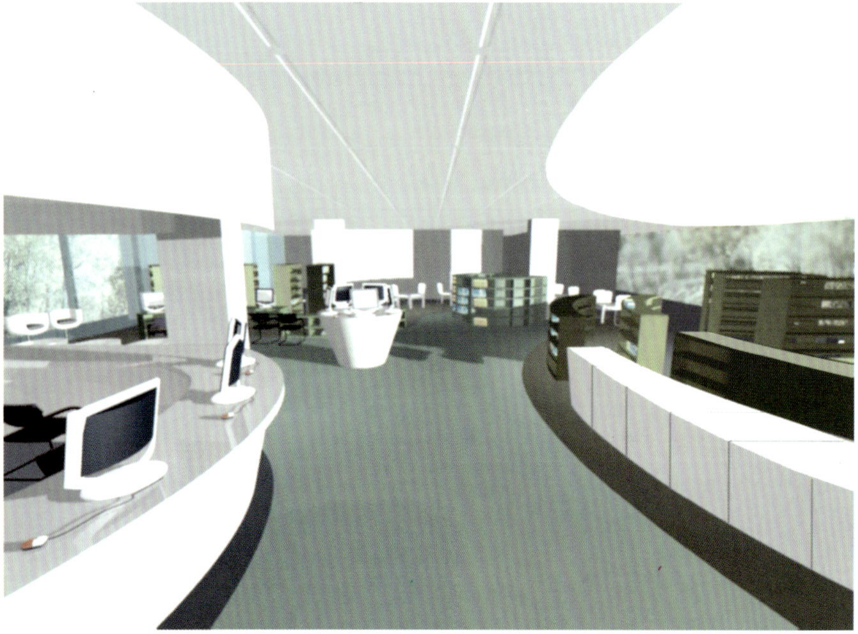

三层期刊阅览室

图书馆三层期刊阅览空间包含四个不同尺度的圆，这些圆的划分构成了自习区，讨论区和杂志阅览区。讨论室的隔断即分割空间又是座椅，突出阅读杂志的自由随意性。为了保证讨论区和自习区能够不相互打扰，将这几个轮廓曲线用透明玻璃的界面拉伸，使整个空间即通透又有相对私密。

小型讨论室

家具采用可组合式，方便分组讨论和自习两种使用方式。

跳跃的黑白（佳作奖）

图书馆新媒体阅读环境概念设计

来宝欣　清华大学美术学院

媒体阅读空间平面图

从电路板中总结出一系列的元素，将其结合与改变，用这些元素将空间丰富，并赐予其灵魂，使人来到空间中能真实的感受到多媒体的这种高科技带给人们的快捷性。给人以新颖的感觉．不再枯燥无味。在颜色上，以黑白为主，简洁的颜色进行搭配，使空间进入一个现代化的感觉，利用红色进行空间上的跳跃，同时让其自由色进行点缀。

重要的是对人们需求的分析，根据不同的需求，将短暂使用空间的借阅区、服务区、管理区以及查询区放在入口处，方便人们快速地借阅，将长期使用的空间放在里面。

服务咨询空间

免费上网空间

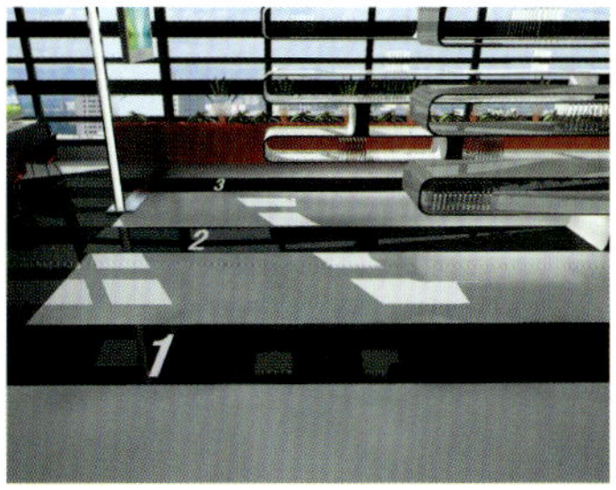

借阅空间细部

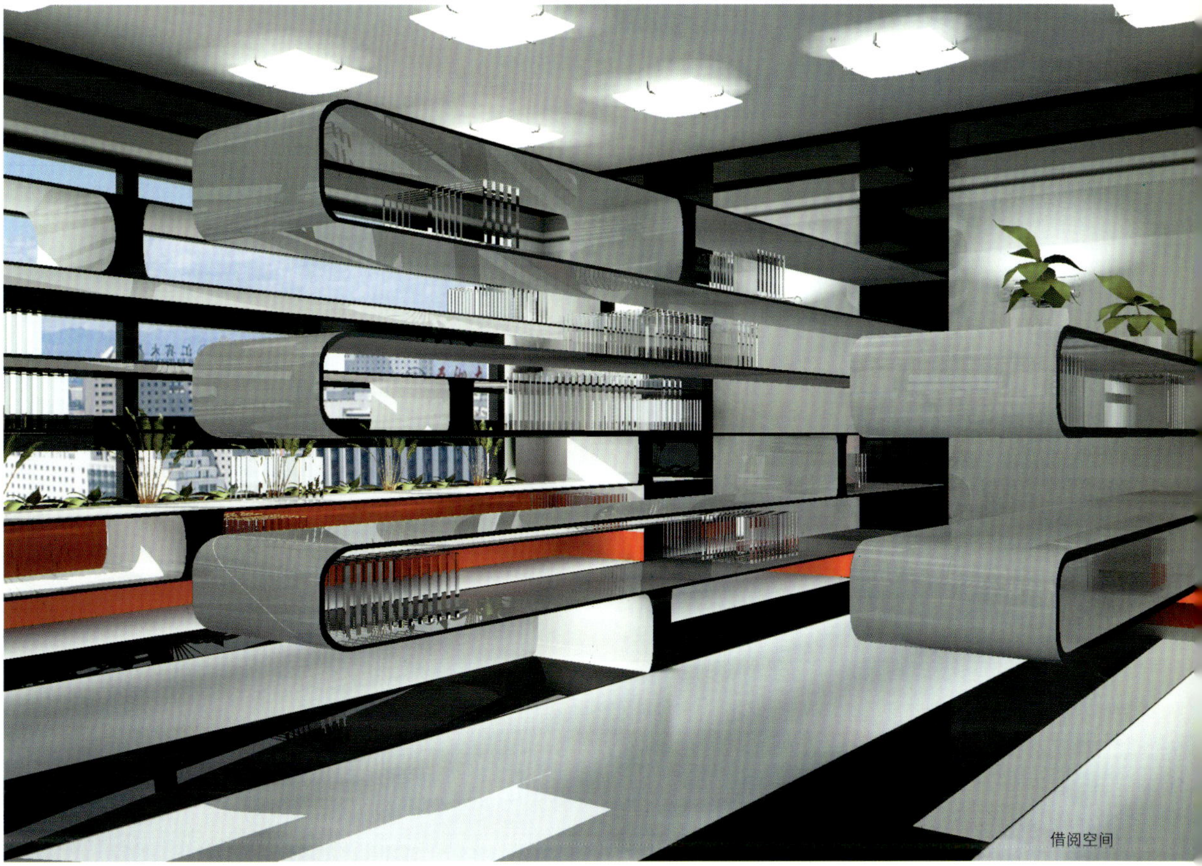

借阅空间

多媒体室效果图

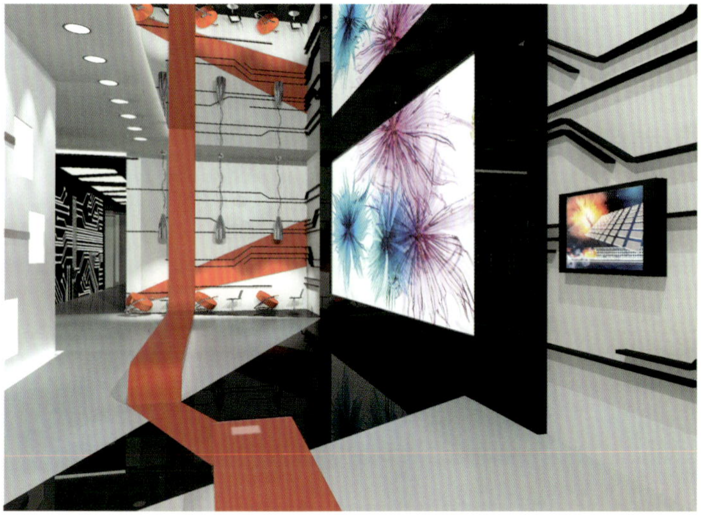

休闲空间效果图

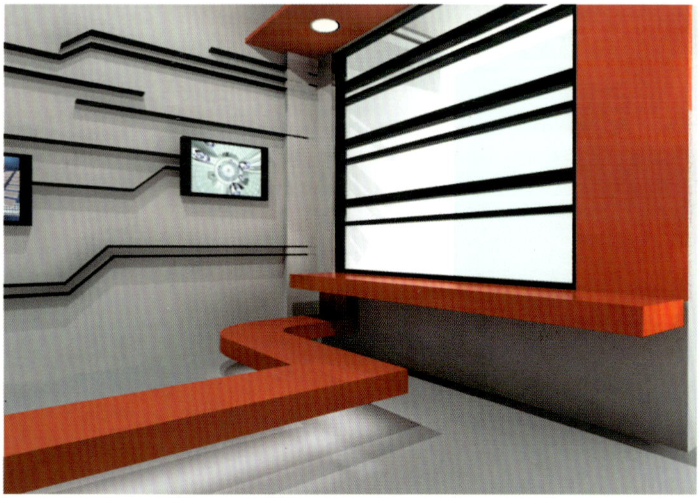

可调节的阅读环境（佳作奖）

中国青年政治学院图书馆

刘丹　清华大学美术学院

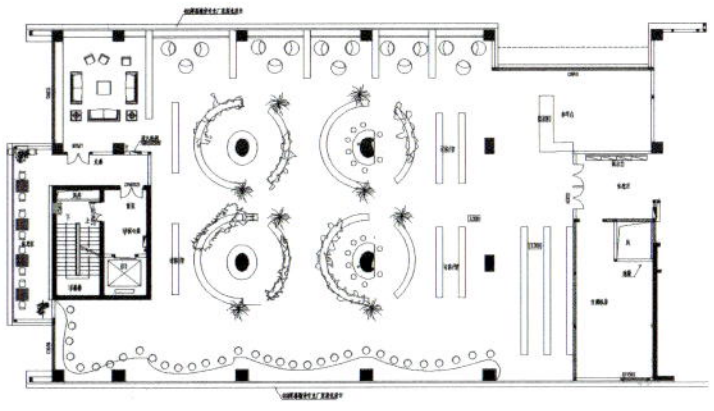

五层平面图 1:100

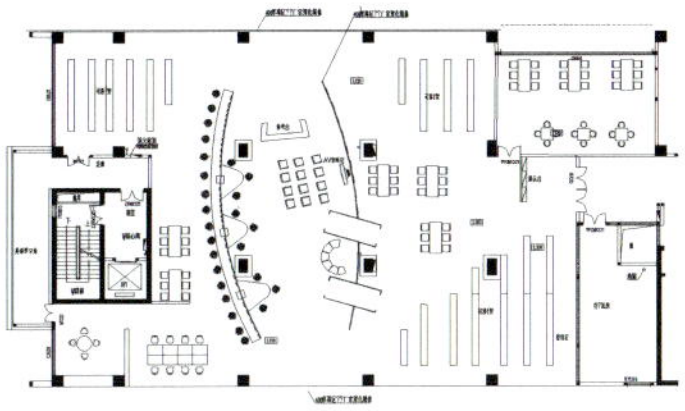

六层平面图 1:100

可调节是根据自己需要调节和选择的阅读环境。针对目前阅读空间的局限性与不合理性。可调节包括空间的灵活性和选择性，选择性包括寂静的权利、讨论的权利、懒惰的权利、嗅觉的权利以及储藏的权利，把这些理念融入 4—7 层的阅读环境中。

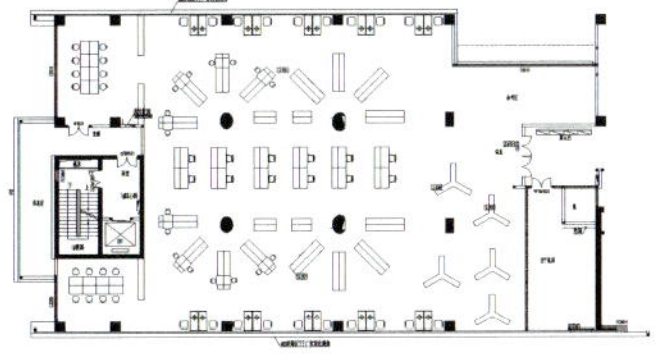

七层平面图 1:100

这是一层舒适的，轻松的，休闲的阅读环境，这里你可以享受到懒惰的权利和嗅觉的权利，主要运用圆形的设计元素，色彩上以暖色为主。

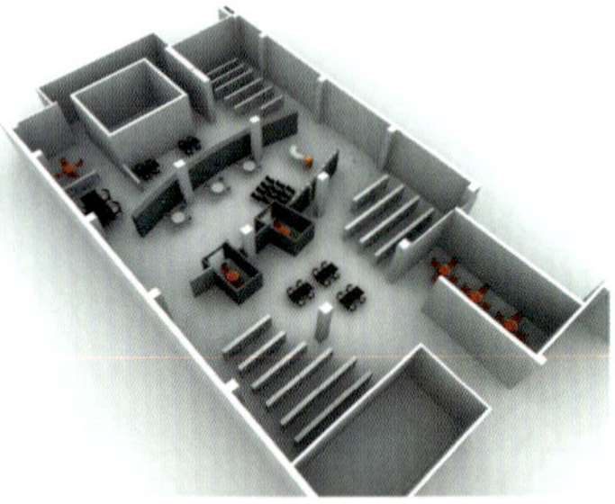

今天知识的交流已经代替知识的传播而成为大学图书馆主要功能之一。交流学习空间越来越受重视，本层主要以交流空间为主，辅以储藏空间和自习空间，本层以矩形为设计元素，以信的形状演变而来，在平面布局上运用弧形墙隔离出动静区域，弧形墙外围展示区域，同时也起着引导的作用。

这是一层安静的，令人禅想的阅读空间，这里你拥有寂静权利的同时享受着寂静的权利，这层主要以倒角矩形为设计元素，空间严肃而不失柔和舒适，在色彩上以深蓝色和白色为主，白色让人禅想，蓝色使人安静。

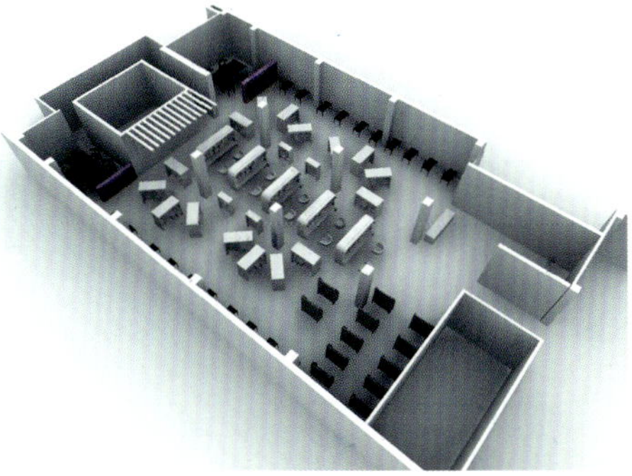

环境宜人的借阅空间

中国青年政治学院图书馆（佳作奖）

室内环境细节设计

王治奎　清华大学美术学院

随着社会的发展，线形生活的脚步已经快速渗入了我们的生活中，每个人的脚步也在不断加快，每个人都想在最短的时间找到自己所需要的。图书馆作为大学生活中的一点，读者进入图书馆也都有着自己明确的路线。本设计以“线”为创作元素，利用线的穿插和韵律感，打破原有方体空间的沉寂性，使整个设计活泼而又不呆板，在整体布局上，我运用弧线及圆形，使之与直线形成强烈对比，在材质上以玻璃，木材，铝合金等为装饰材料，体现了现代，简洁的风格，营造出活泼的空间氛围。在局部主要围绕大的空间形态，加强对局部的功能细节设计，使之更加人性化，创造出了优雅舒适的现代图书阅览环境。

四层休闲阅览空间

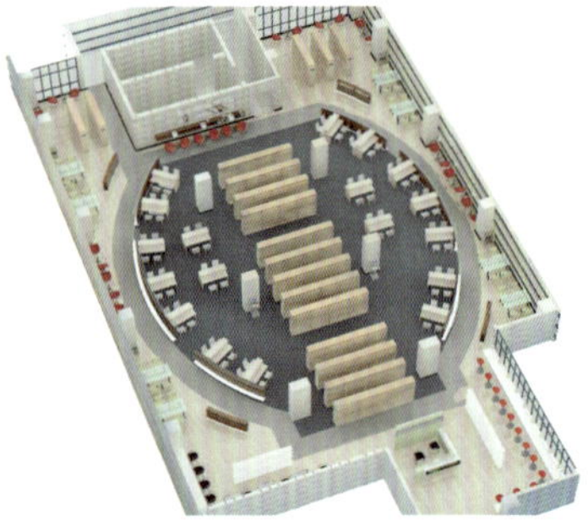

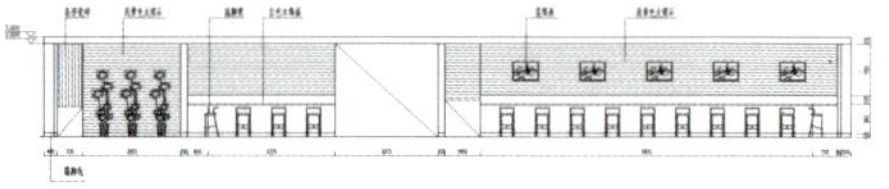

四层东立面图 1:100

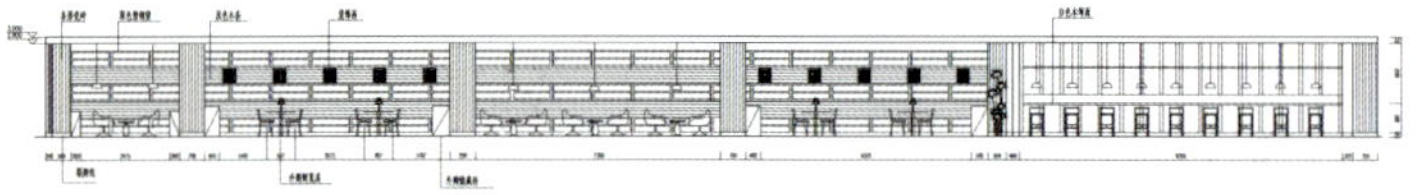

四层北立面图 1:100

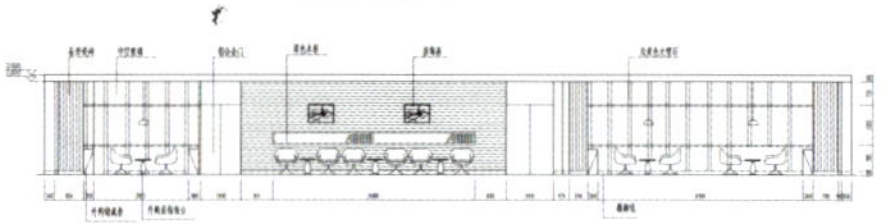

四层西立面图 1:100

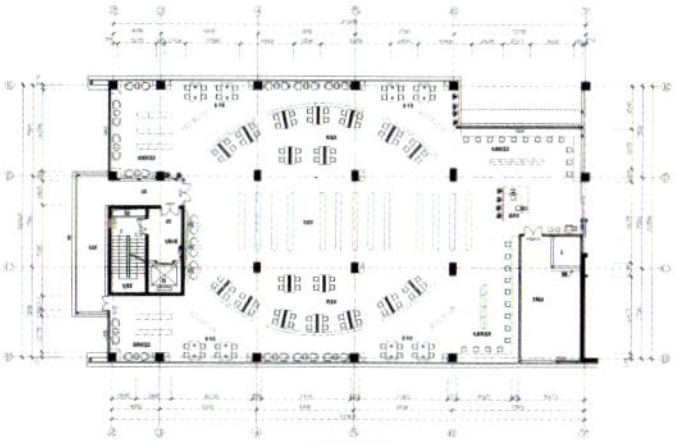

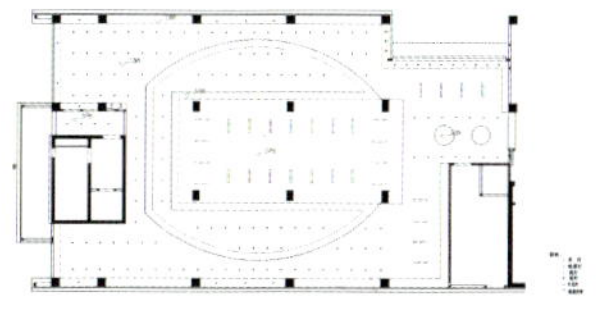

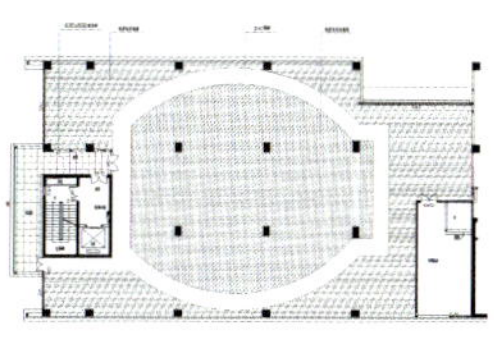

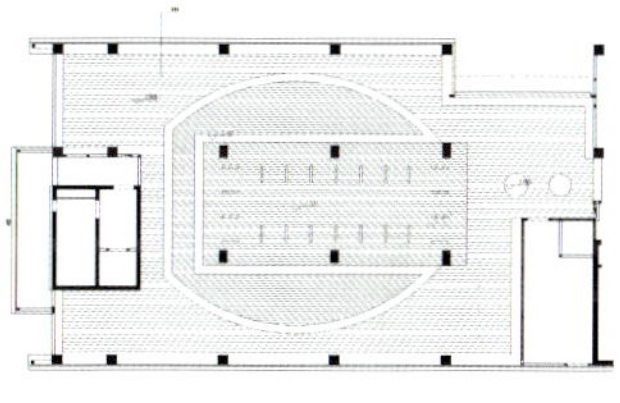

本设计围绕平面布局，功能细节，环境氛围三个方面进行细节设计，针对综合阅览室，多媒体阅览室，特藏阅览室及研究室进行探索，注重平面的灵活性，功能的多元化，形式的多样化，满足了读者的心理需求，为读者创造了舒适的阅览环境。

休闲阅览区一

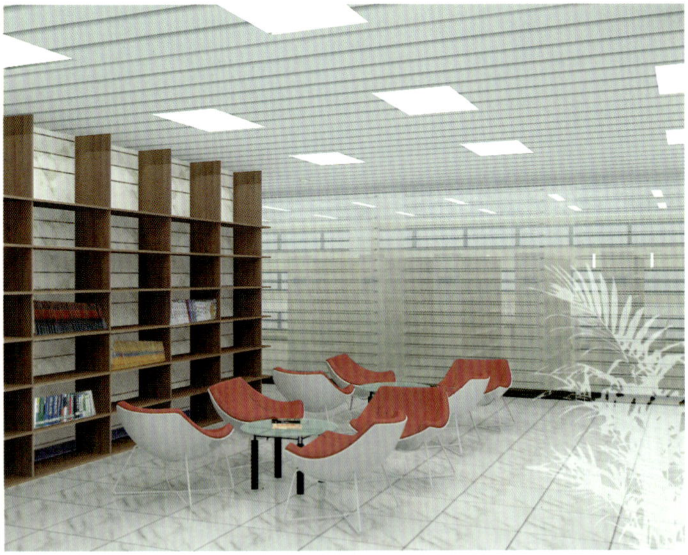

休闲阅览区二

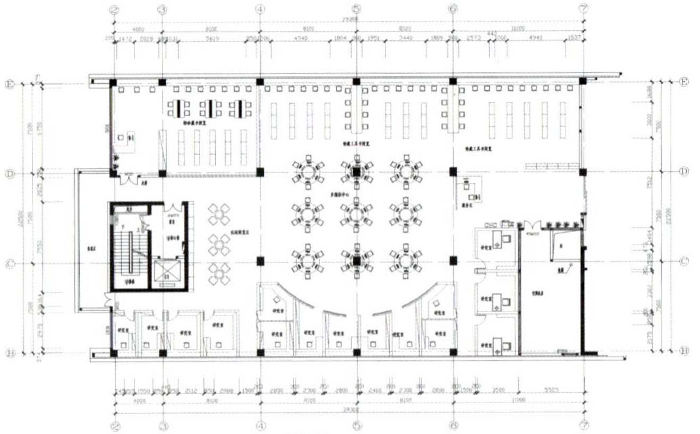

八层平面图 1:100

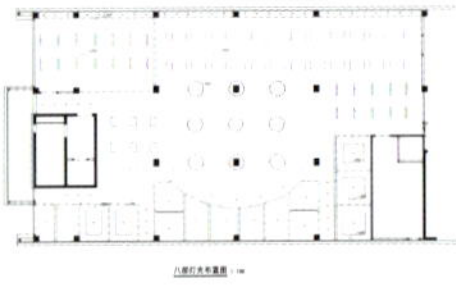

八层灯光布置图 1:100

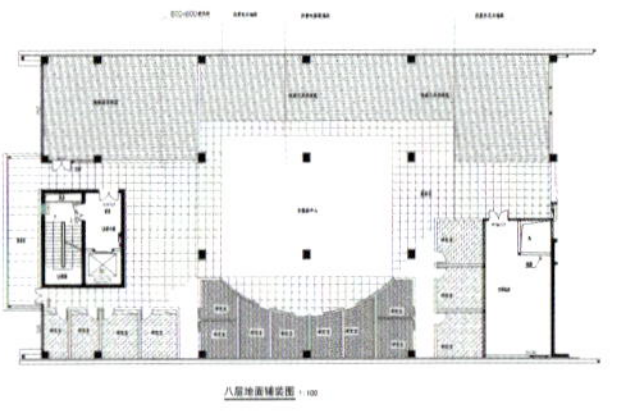

八层地面铺装图 1:100

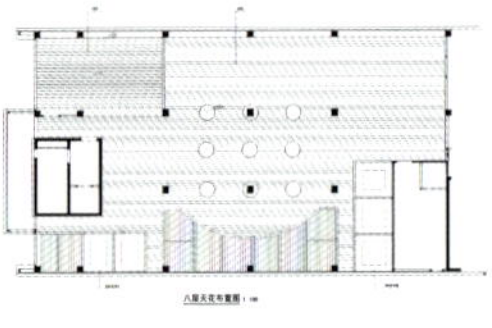

八层天花布置图 1:100

多媒体阅览室、特藏阅览室及研究室

时间穿梭（佳作奖）

中国电子科技集——综合形象展示区

鲁阳　北方工业大学

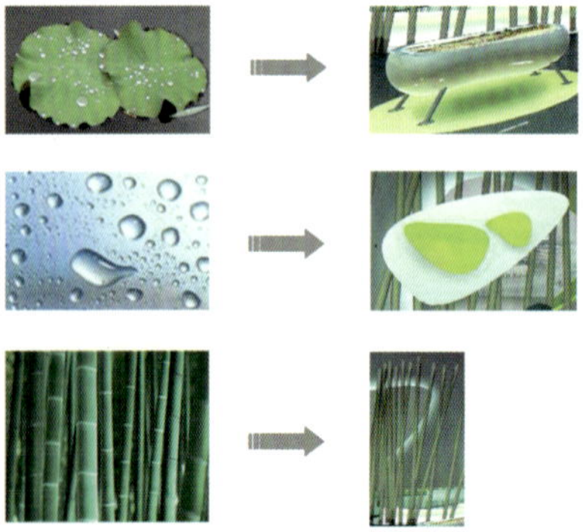

本展厅主要以时间为主线来贯穿，展现给观众的是中国电子科技集团的过去现在和未来。然后在通过别的具体的展厅把这种认识加强。

主要采用自然元素——水。由水的各种形态演变成各种实物展示形式，既展墙、展台及其局部装饰等。

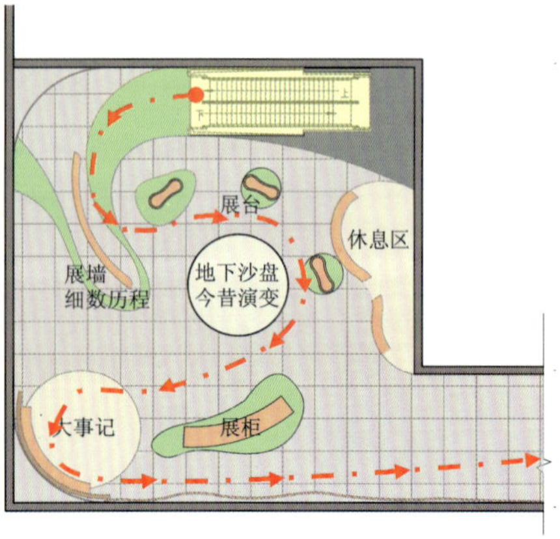

流线分析图

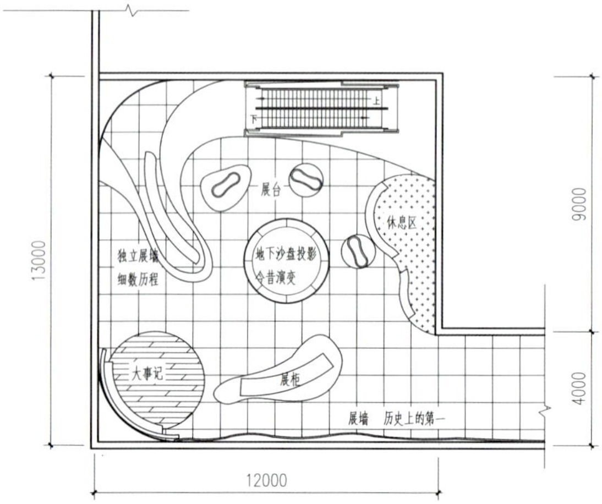

平面图

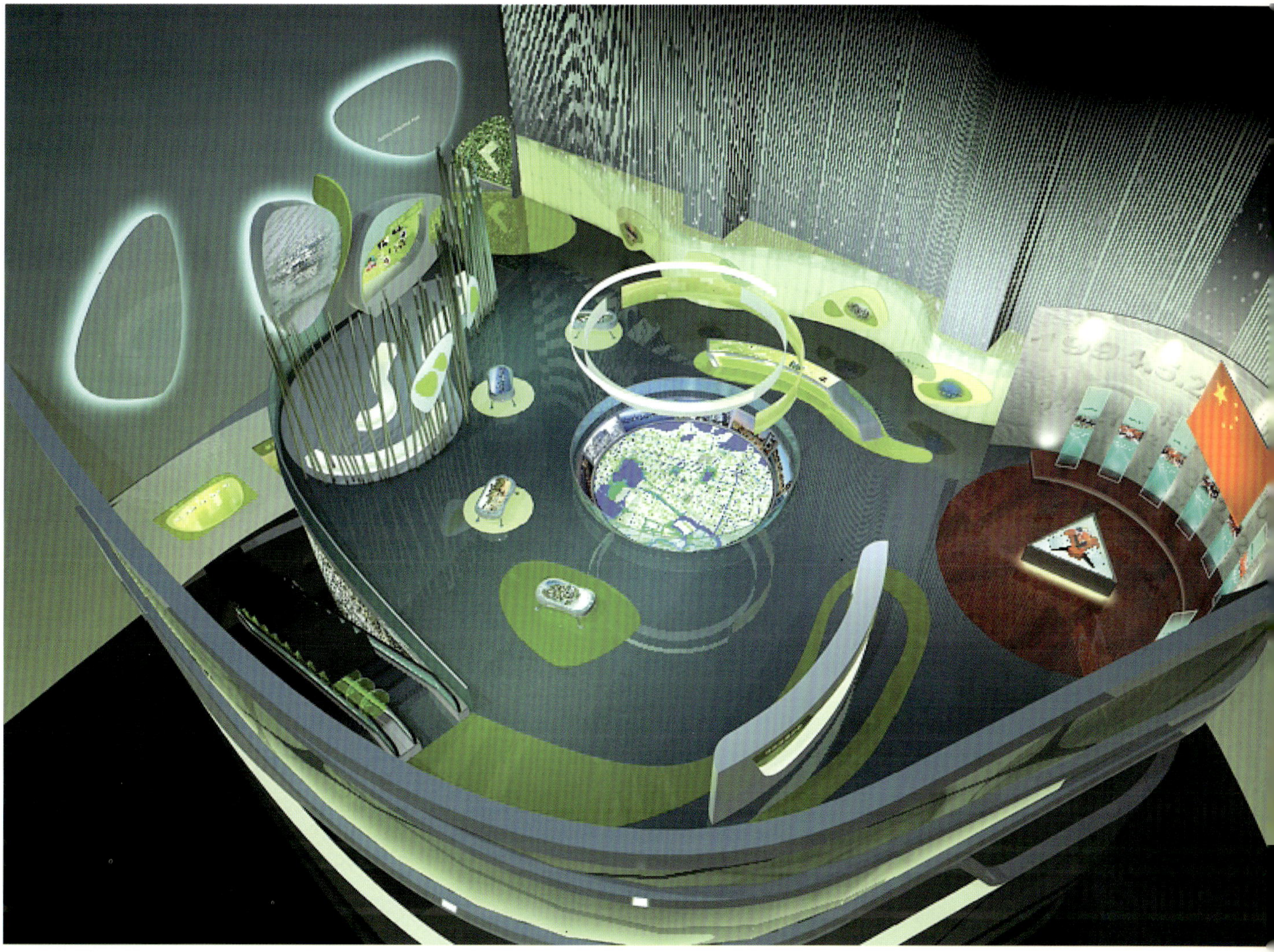

二层主视角

历史上的第一

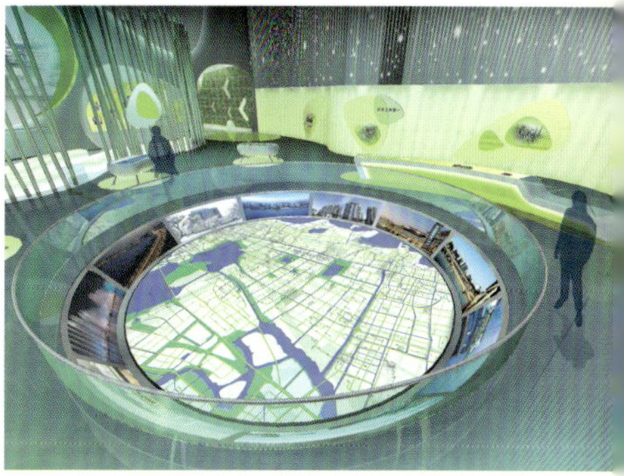

今昔演变

思源（佳作奖）

老年体验中心样板间的设计

张静　北方工业大学

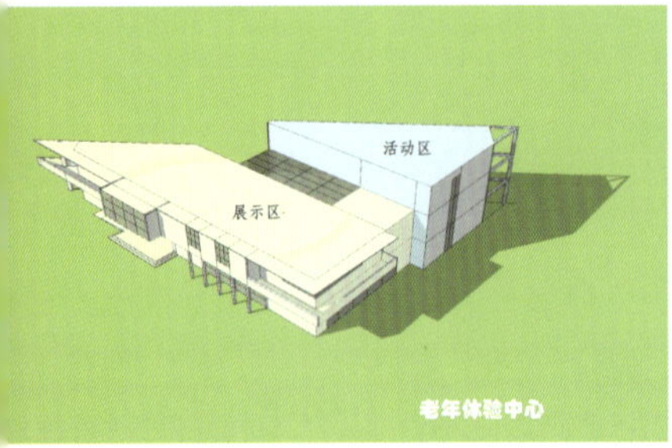

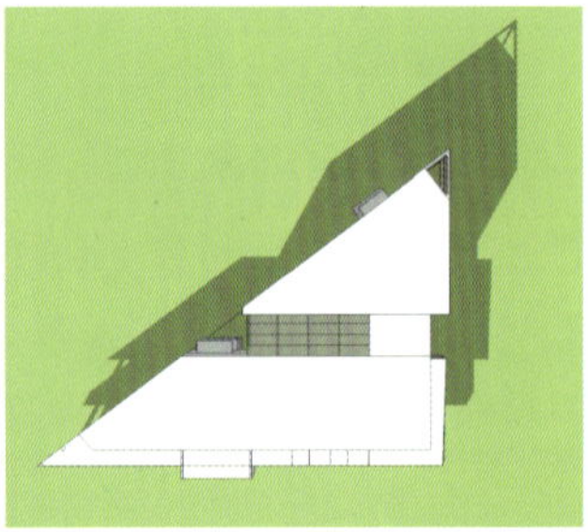

老年体验中心伴随着人口老龄化应运而生。这个建筑的面积约5000平方米左右。它集康复、餐饮、娱乐、展示、会议等诸项功能于一体。展示部分中的老年公寓样板间还可以提供试住服务。

样板间是左图中的展示空间中的重点内容，集中展示了老年公寓养老方式的优秀之处。体现了对老年人群的尊重和关爱。该设计以“源”为设计灵感，结合老年人的生理、心理和行为特征的变化设计出“长青源”、“桃花源”、“思忆源”为主题的样板间设计

A样板间平面图

“漫道无华争俏丽，长青更胜一时芳”这个方案以暖绿色为主色调，构成了清新稳重的特点，推拉门和侧开窗的方式以及辅助设施的设计是有别于普通住宅的地方。

暖绿色调和稳重的风格

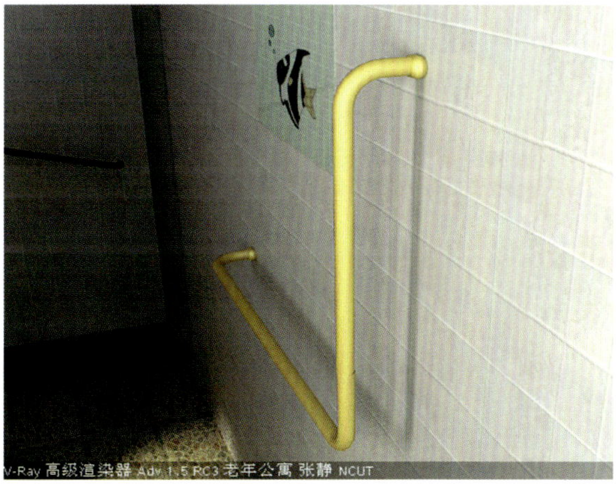

可活动扶手、折叠式洗浴椅

C样板间平面图

电磁炉旁边安装报警装置，同时具有自动开门的功能。

清洗区和烹饪区的下部橱柜留空，吊柜采用磨砂玻璃方便老人存放东西。增加了小架子用来放杂物

面板式开关和红色报警装置。老人跌倒后仍然可以拉动。

"黄发垂髫，并怡然自乐。"一室一厅，宽大的阳台增加了活动空间。

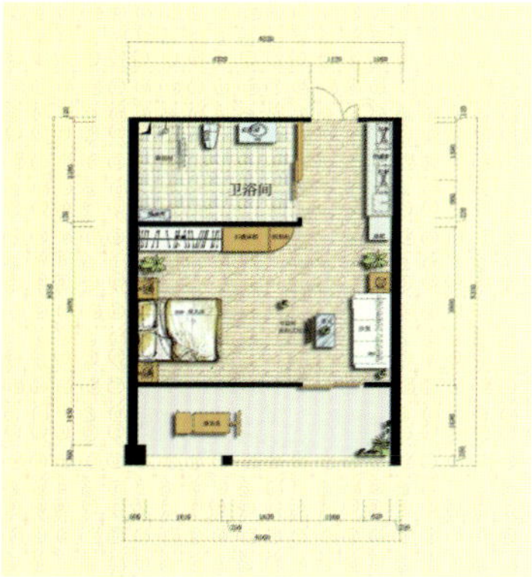

踢脚线做了防撞处理，墙面的阳角做了圆角处理。

屋内的高差以醒目的黄色加以提示。

这个户型是为不能完全自理的老人设计的。宽大的阳台让他们更好的享受阳光。

结语

老年公寓的室内设计应该有一定的超前性，才能满足老年人因年龄的增长而带来的不同的需求。

怎样才能更好地延长老年人自理生活的时间，怎样才能让他们有安全舒适的生活环境，是值得我们深刻考虑的。

以风景为内容的手绘墙，可以让老人们有一种大隐于市的感觉。给带给他们心灵的安慰。

展示中的互动性设计（佳作奖）

以2010年上海世博会青海馆设计为例

周洁　北方工业大学

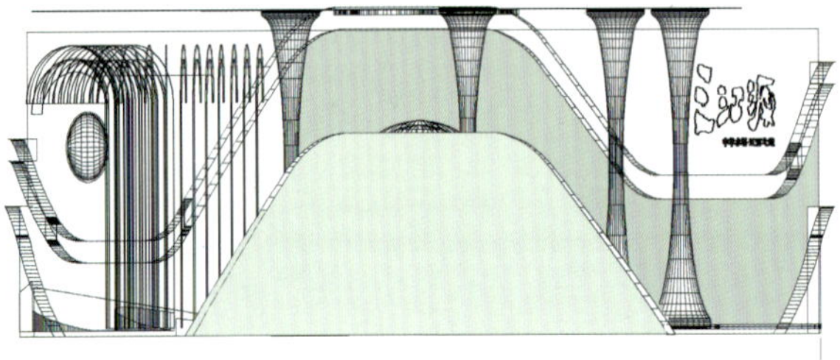

世博会主题是城市，让生活更美好。

城市的美好不仅仅只是拥有了建筑，道路，河流等美丽的风景更多的是人与人之间的关系，母爱，父爱，友爱等。就是因为有了这些关系，才让整个冷冷的建筑物活起来。

青海省是一个地理位置特殊的城市，它是三大江河汇集于一省的城市，是中国母亲河的母亲河，所以，引用了城市关系之一的“母爱”中华水塔三江源为主题，利用一个元素，一个故事线，一个高潮点形成参观主路线，将水的奉献精神贯穿整个设计。

一个元素利用水的不同形态来表现水的诞生和成长

一个高潮——下沉剧场通过前面的故事线引出青海省的三江源，进入下沉剧场，利用 360° 环幕形成土地干涸，树木被砍等景象，与下游的美好形成强烈心理落差感，目的是通过这样的手段，告诉人们三江源保护迫在眉睫。

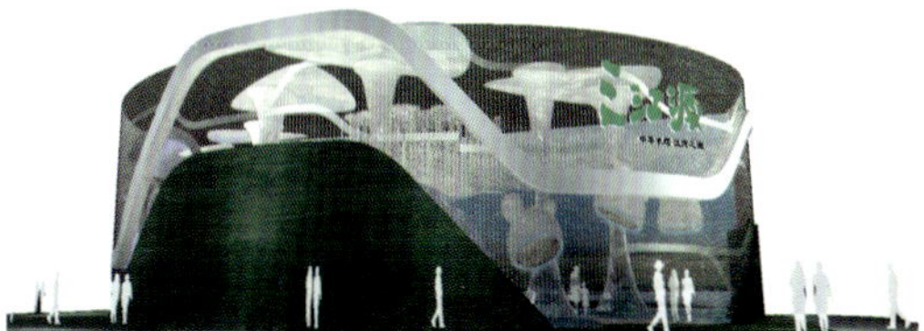

北京电力展示厅设计方案（佳作奖）

彭梅　北方工业大学

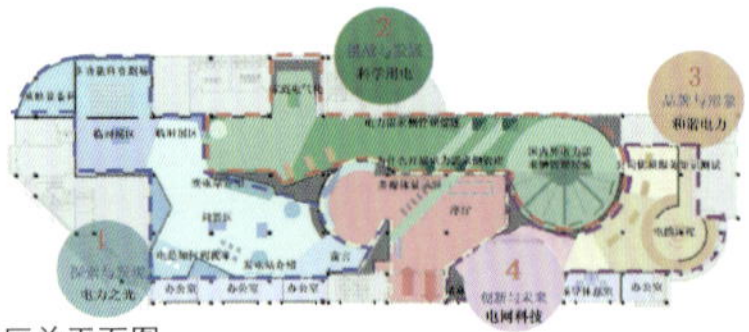

展厅总平面图

人流分布图

电，是我们日常生活中必不可少的能源，电力给我们带来光明，给我们带来美好的生活，此设计为国家电网北京电力展厅设计方案，通过对电力公司需要展示的内容的了解和调查，从日常生活中的闪电、电网、电线中提取圆、点、折线等形态运用到设计中，整个设计色调以结合国家电网标志的色彩以蓝绿色为主，加上绚丽色彩的点缀，预示着电给人们带来五彩斑斓的生活，在展示手段的设计上，设计了多种高科技的手段，用最简洁的方式让观者最直观的认识电，了解电以及培养节约用电的意识，促进电力的可持续发展。

需求层管理经验展区

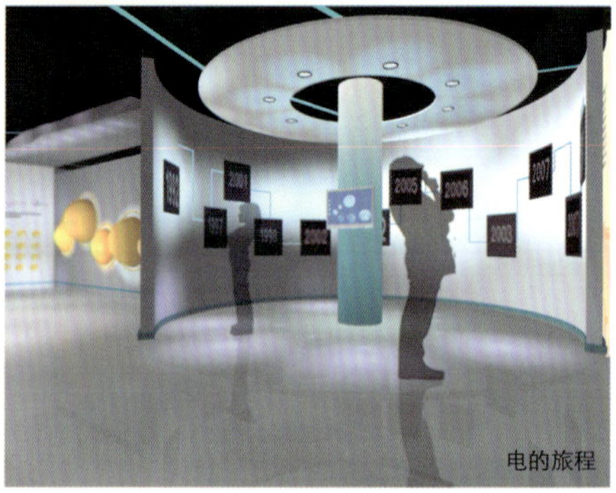

电的旅程

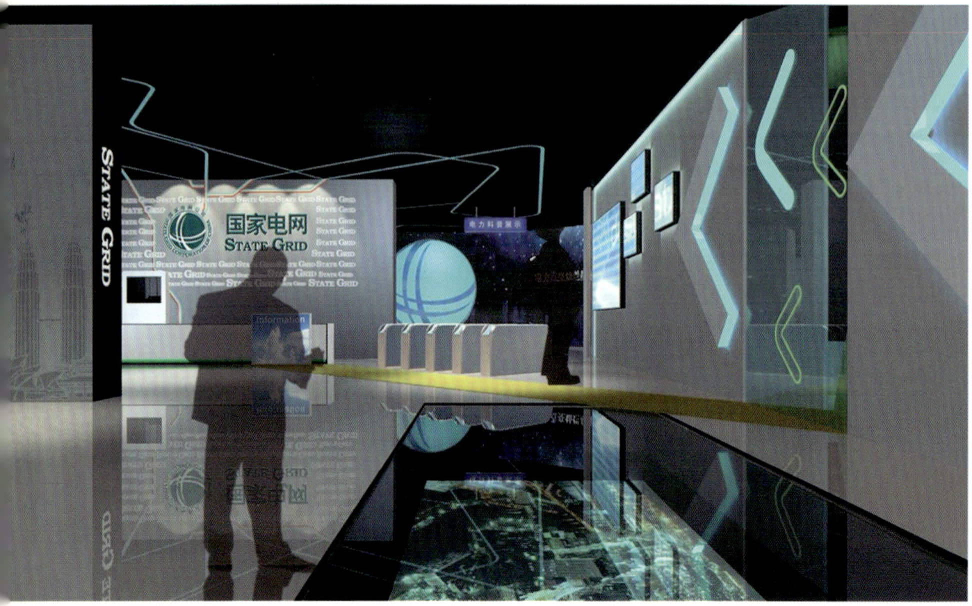

成果展区

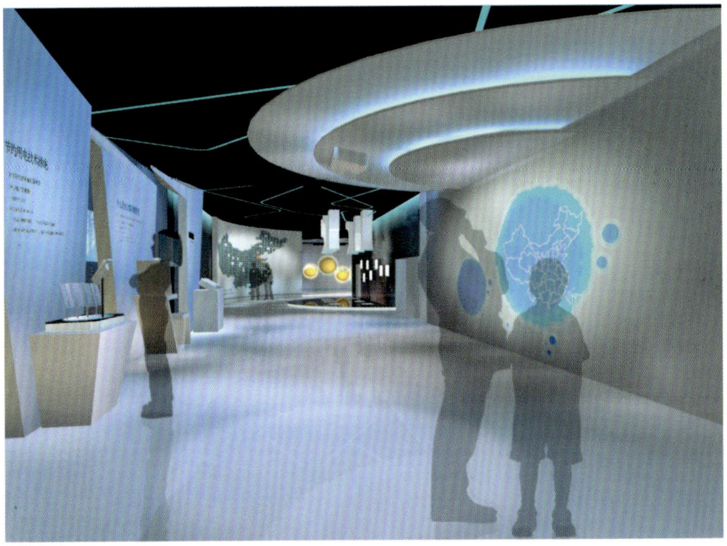

该图为公司需求测技术展示区，观众可以通过右面投影幕观看播放知识短篇，还可以通过右面带有折线元素的展台和展板学习不同的电力知识。

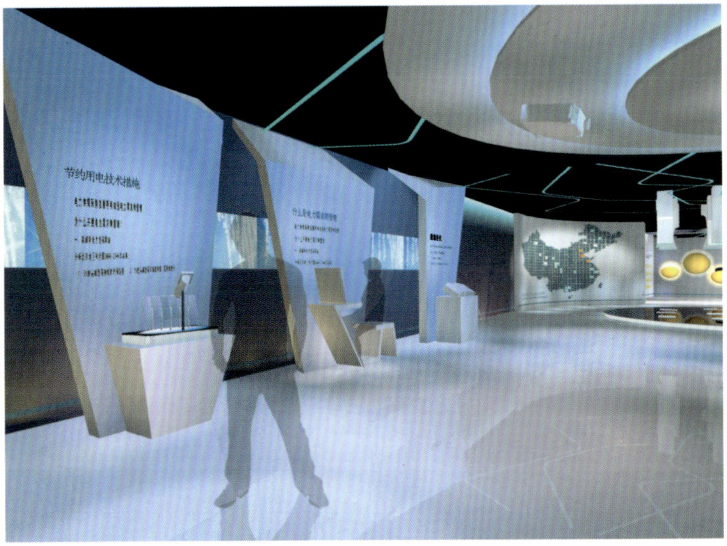

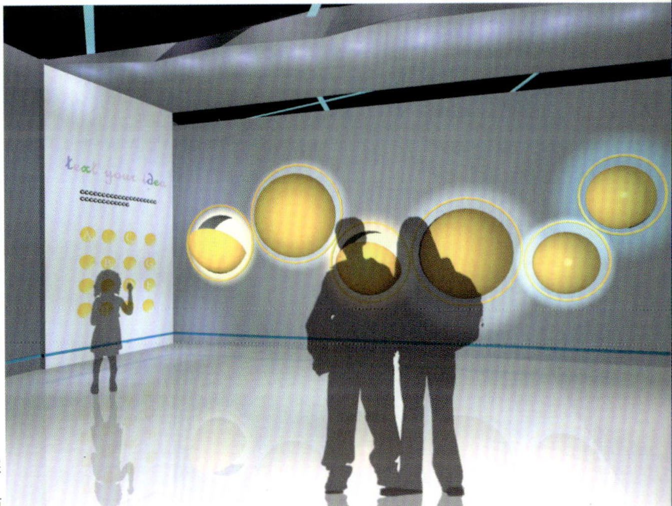

此图为公司优质服务问答展示区通过点击左边不同的按钮，会自动打开不同的小圆球，从而观者可以得到不同的电力知识。

中国元素的应用（佳作奖）

以千足珍珠珠宝店设计为例

王萧宇　北方工业大学

店面橱窗展示区

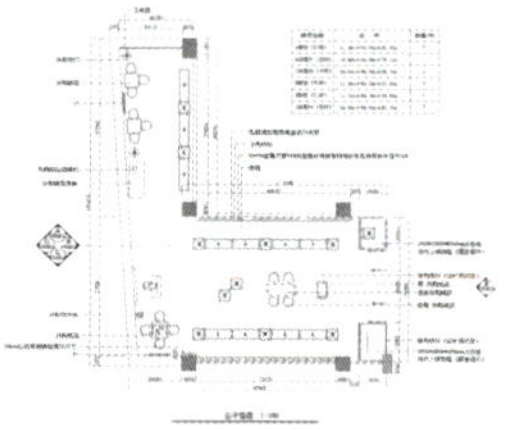

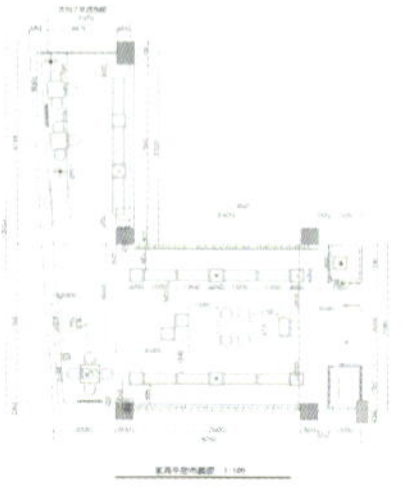

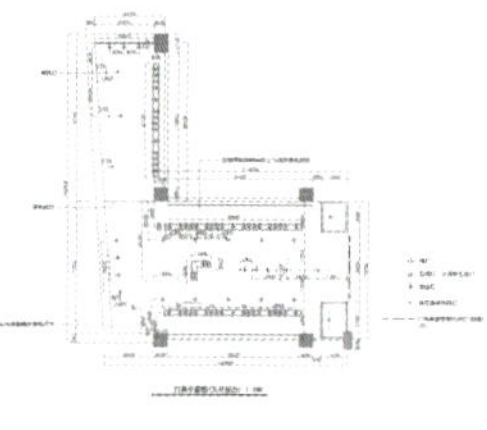

店内布置角度一

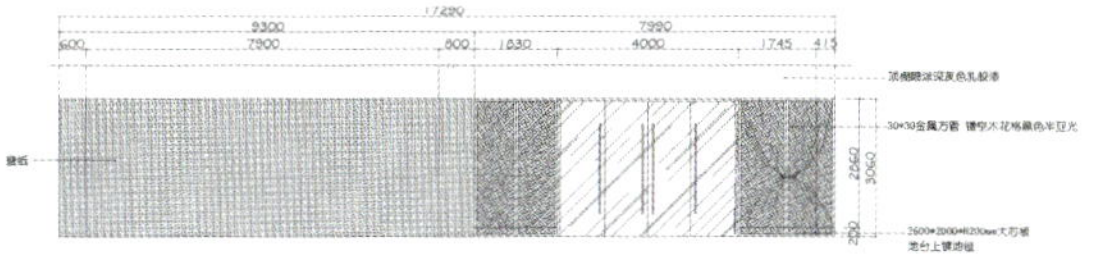

B立面图

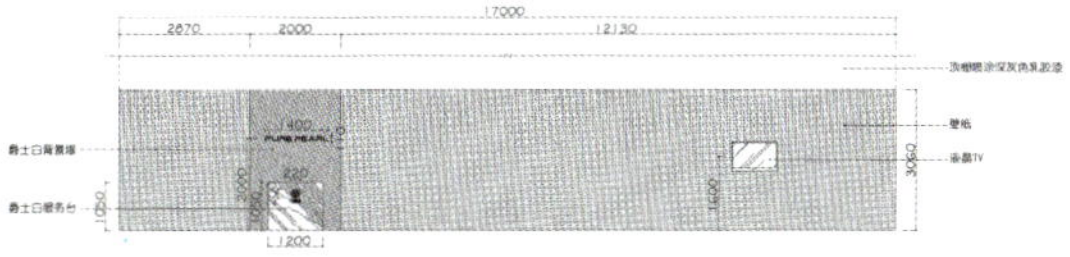

D立面图

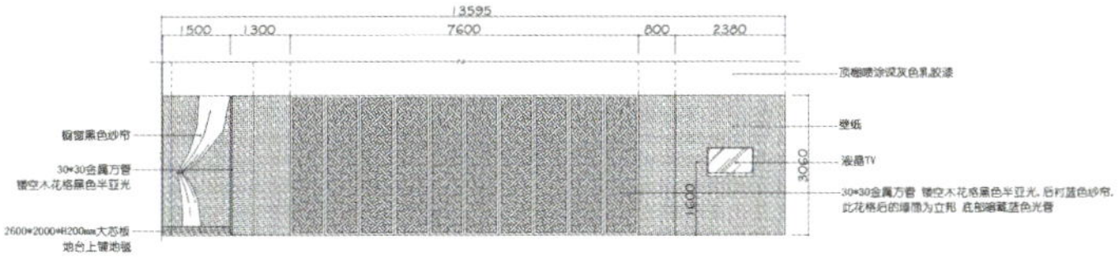

C立面图

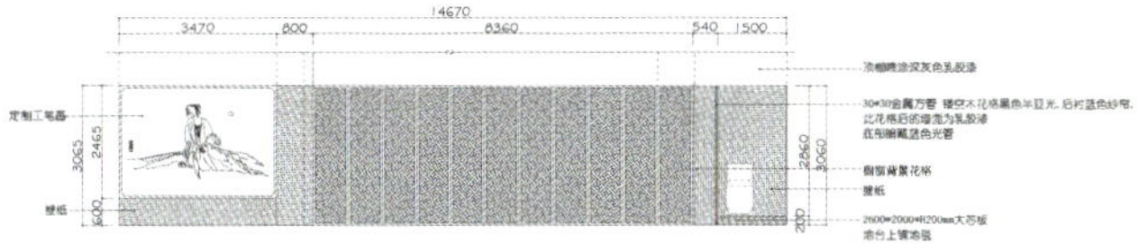

A立面图

店内布置角度二

店内布置角度二

丝路·城歌（佳作奖）

上海世界博览会甘肃馆

仲金玲　北方工业大学

针对 2010 年世界博览会省市区馆的设计，展馆的设计无论是面向世界还是宣传该市区的民族文化，都彰显了展览设计的一种精神，在对甘肃馆的整体设计中，设计者首先对甘肃的历史文化做了深刻的调查和研究，甘肃省文化底蕴深厚，从敦煌的莫高窟，丝绸之路，大地湾遗址等古文明遗迹即可看出。

从甘肃的各种元素中提取的沙子、敦煌壁画、莫高窟、彩陶等主要元素作为整体设计的主要构想，彩陶旋涡纹尖底瓶的旋涡纹和敦煌壁画浮雕形式作为整个外形设计的重要元素，使馆体从视觉角度即可深刻地感受到甘肃悠久的历史文化。外形采用了几个不规则形体裁切的形式，即有现代的设计感，代表甘肃现在科技发达和繁荣昌盛。

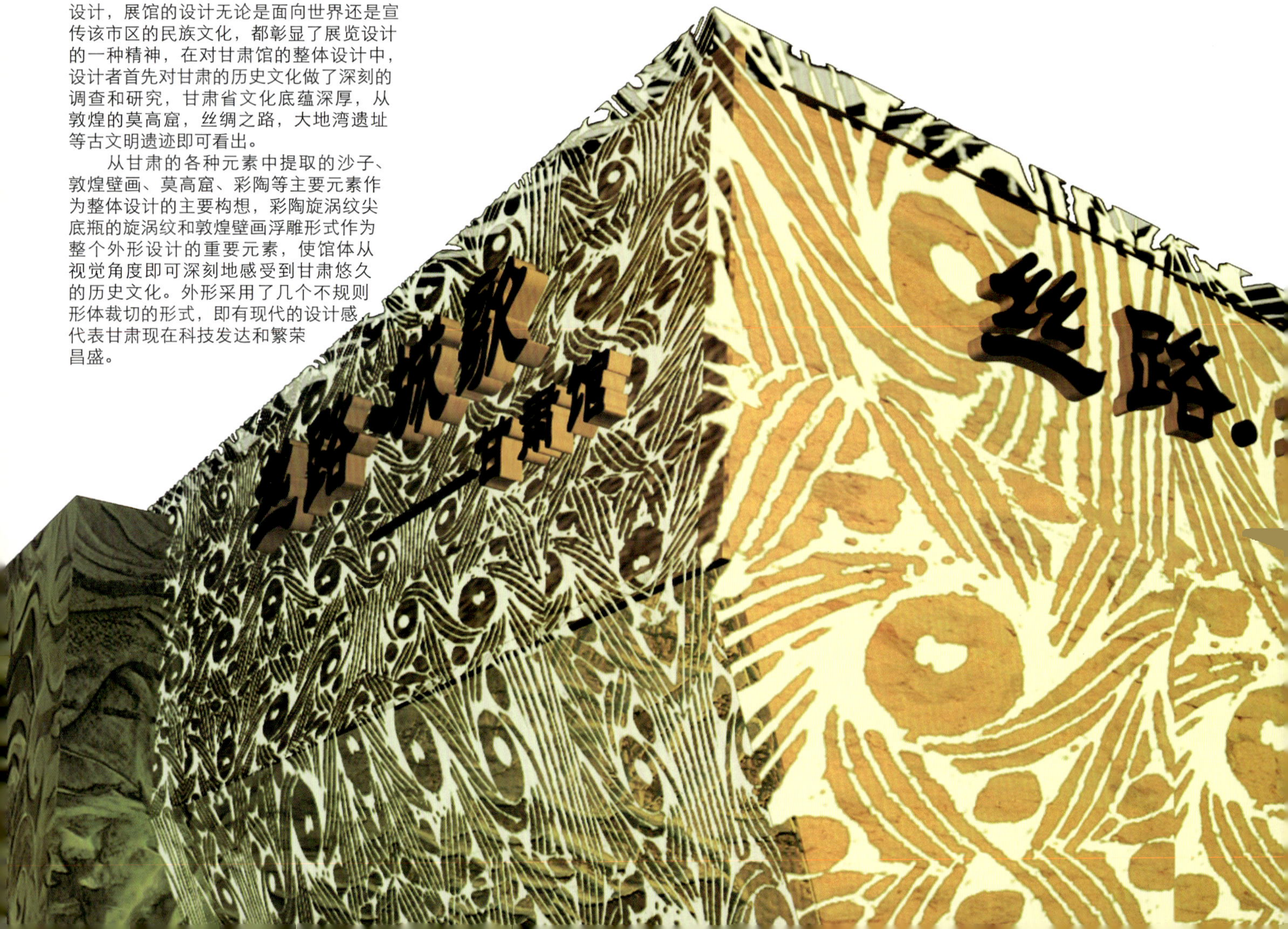

展馆正立面效果

展馆透视效果一

馆内整体区域划分为三大块，如图蓝色的大块区域为甘肃历史文化展示区，绿色的区域为甘肃现在科技发展和人民美好生活视角展示区，最后黄色的是整个展馆的重点也是展馆的高潮部分未来剧场，飞天身上的红色飘带贯穿的整个展区的上空，对观众的参观路线做了间接的指引。观众流线清晰，简洁，并且同 VIP 路线分别进行设计，观众出口和 VIP 出口设置在不同的位置，避免了互相干扰。也给贵宾创造了方便的参观条件。

展馆透视效果二

上海世博会（佳作奖）

宁夏地区馆

刘玉敏　北方工业大学

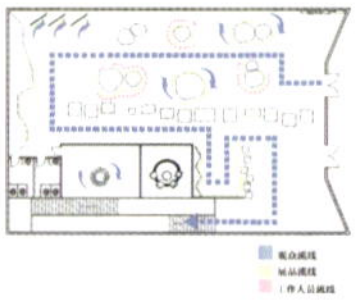

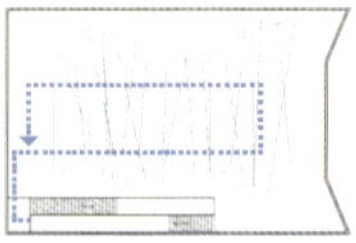

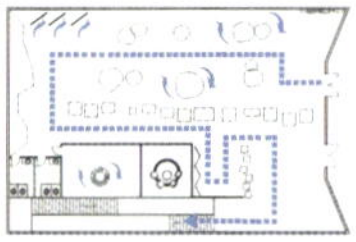

宁夏地区馆在建筑外立面采用变化的茨屏的形式，在简单造型上体现出现代的宁夏。整体氛围营造“水的空间”以呼应宁夏馆主题“塞上江南”。设计上平面规划采用黄河蜿蜒的流势。沙湖展示空间，沙盘抽象沙湖自然形态，展架抽象西夏王陵“东方金字塔”概念，一层在空间划分上用绿色灯柱，抽象回族色彩——绿色、白色。在放映厅中间是一个同心圆为划分的座椅四面围和投影屏幕，二楼是整空间的布幔，采用弧形造型，伊斯兰图案镂空形式，整体色彩为黄绿色。

JANSWEST旗舰店（佳作奖）

杨柳　北方工业大学

休息等候区

真维斯是个大众品牌，该旗舰店建筑面积共1030平方米，在整体设计中，用简约、现代的设计思路，将礼物这个主题在空间中充分运用，形成了独特的设计语言，为商家提供了新颖、趣味的展示舞台。

该旗舰店的设计目的是本着“合”的理念，将墙面、顶棚这类基础空间与展台、展柜很好的融合在一起为顾客提供了具有吸引力的独特体验。在旗舰店的室内设计中，空间划分较为简单，这是因为要更好地衬托墙体展示区部分，快速地抓住消费者的眼球。同时，又富于创造性的在二层左侧设有专家搭配区，更好地配合真维斯“品牌大众化”这一品牌文化，在颜色的运用上，以白色为底色，将蓝色这一品牌色运用得淋漓尽致，这样将更好地打造和提升出真维斯的形象和品质。

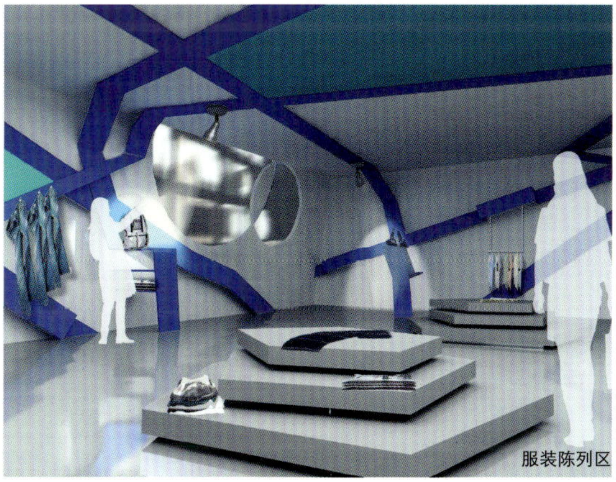

服装陈列区

外立面效果

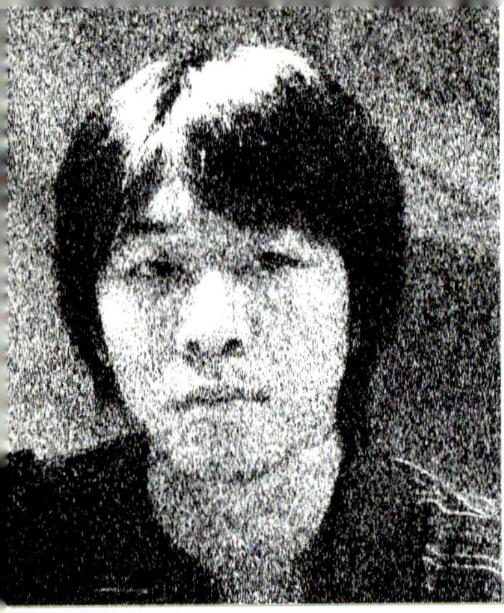

户外运动品牌旗舰店设计（佳作奖）

以The North Face为例

闫伟峰　北方工业大学

本旗舰店设计建筑面积约900平方米。分三大功能区，分别为销售区、体验区和展览区。在造型上以抽象的岩石为元素。在建筑外观上采用直线的岩石形态，突出坚韧的气质。而在室内空间中多采用大跨度的曲线的造型，这不仅能给人大气之感，并且也能让整个空间灵动起来。室内外的鲜明对比，增加了趣味性，给人留下深刻印象。

室内空间分为上、下两层。下层为销售空间，上层为体验空间和展览空间。一层布局整体连接，局部隔开。二层整体隔开，局部连接。

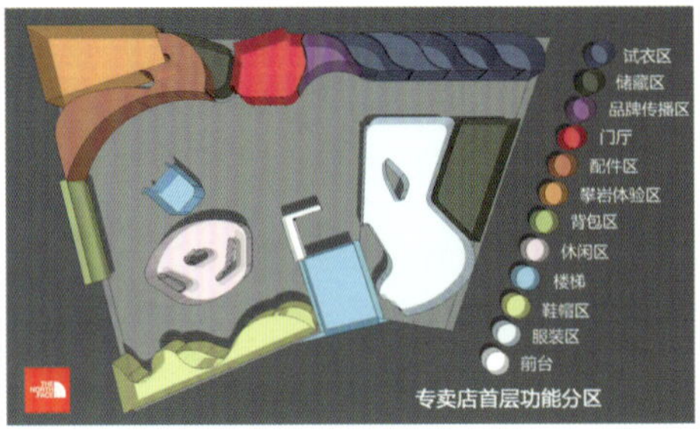

一层功能分区

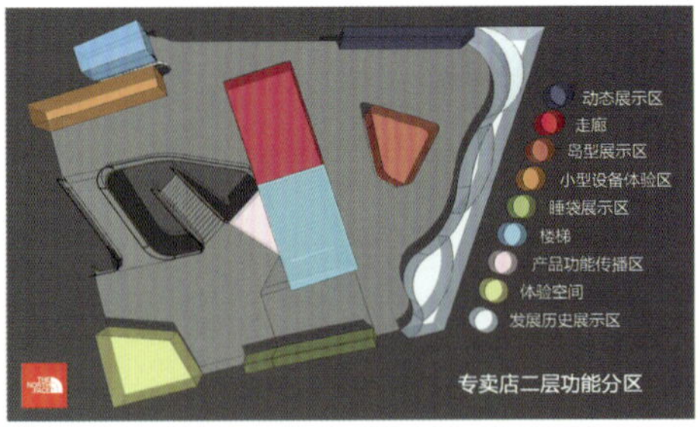

二层功能分区

前台效果图

体验区
户外奖学金

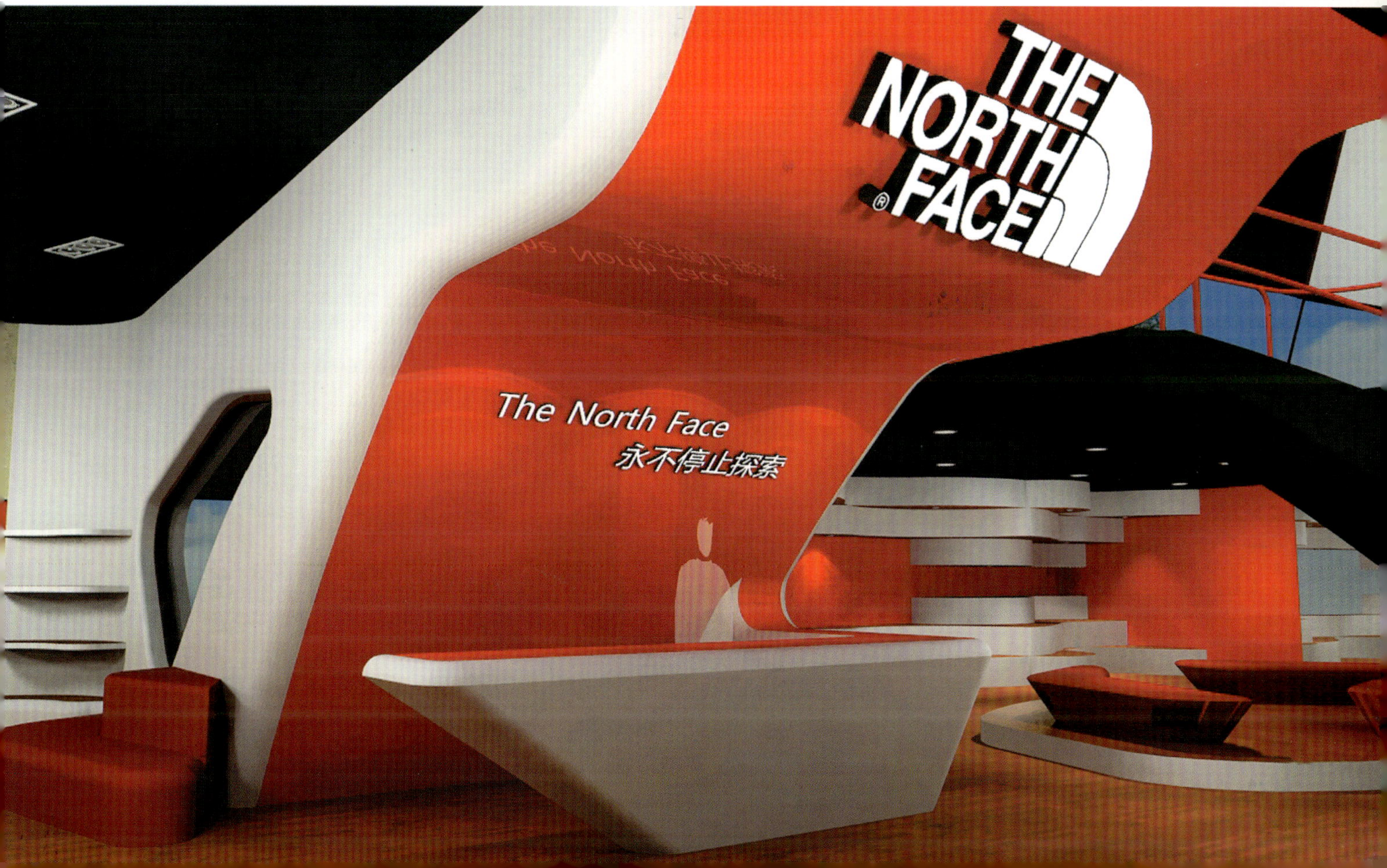
THE NORTH FACE
The North Face
永不停止探索

花好月圆·藕城元素（佳作奖）

上海世博会江苏馆设计

周桂琳　北方工业大学

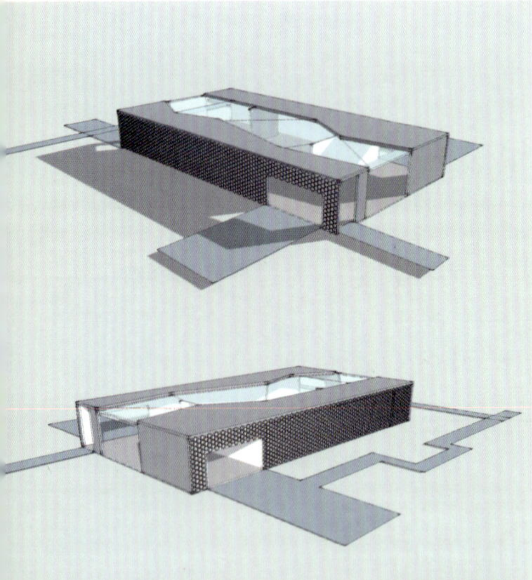

会馆外立面效果

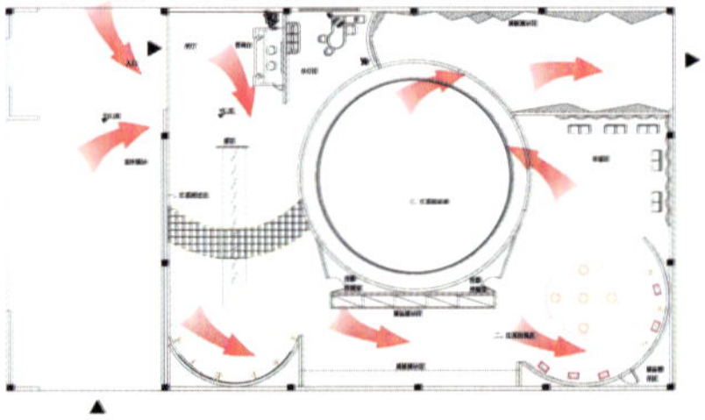

太极阴阳学说蕴含阴阳相成、含刚蓄柔、刚柔相济的基本特征，本课题抓住博大精深的中华易学文化，结合江苏园林宅院合一的地域文化进行设计，将苏州园林中的古典元素进行提炼融入展示空间与建筑设计中。

历史题材展示区

真维斯专卖店设计（佳作奖）

杨哲　北方工业大学

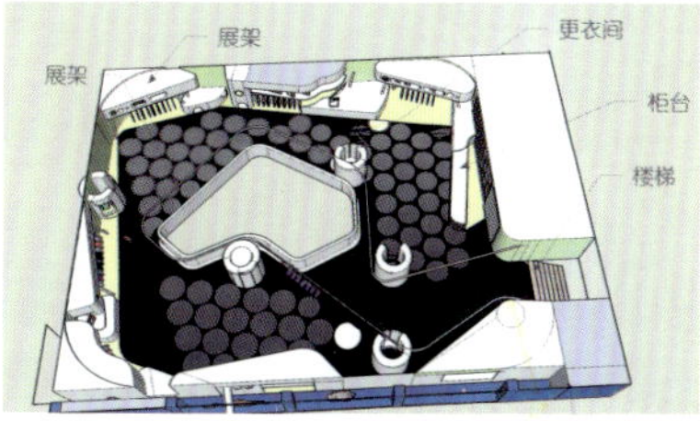

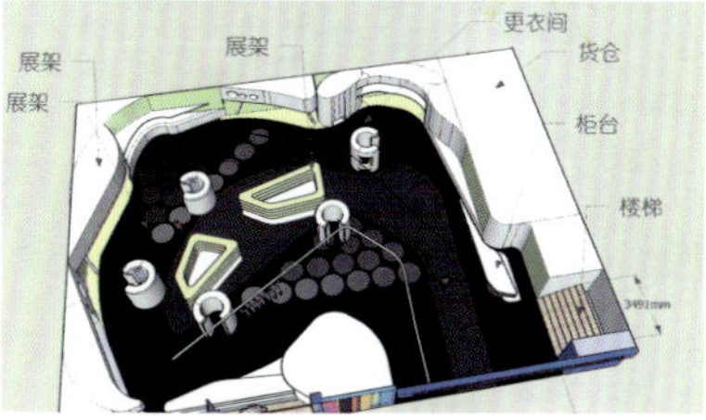

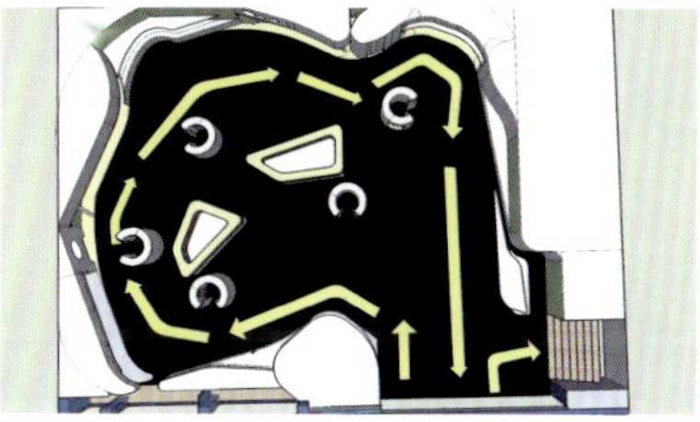

真维斯公司简介

真维斯 1972 年成立于澳大利亚。1993 年才开始在上海一炮打响的真维斯，如今在全国已经有 700 多家连锁店和加盟店。这家总部设在惠州的休闲装生产企业，2002 年的营业额已经达到 14 亿元人民币，成为中国休闲装行业名副其实的“大鳄”。

真维斯服饰有限公司是亚洲最大成衣制造及出口贸易商之一的香港旭日集团附属公司，于 1993 年 5 月在上海开设第一间 JEANSWEST 真维斯专卖店，其后的多年不断扩充，至今已在国内 20 多个省市开设了 900 多间专卖店，拥有现时中国最大的休闲服饰零售网络。时至今日，真维斯已稳占国内休闲服的龙头地位。针对 17-28 岁青春、健康、运动、时尚的年轻群体，“以线”以其紧贴时尚，角逐流行、简洁大气的设计，追求活力、自然、靓丽、纯真的青春气质，追求现代人个性化发展潮流，深受年轻消费者的喜爱，短短几年时间迅速成为国内休闲服装知名品牌之一。

二层入口

常规展架

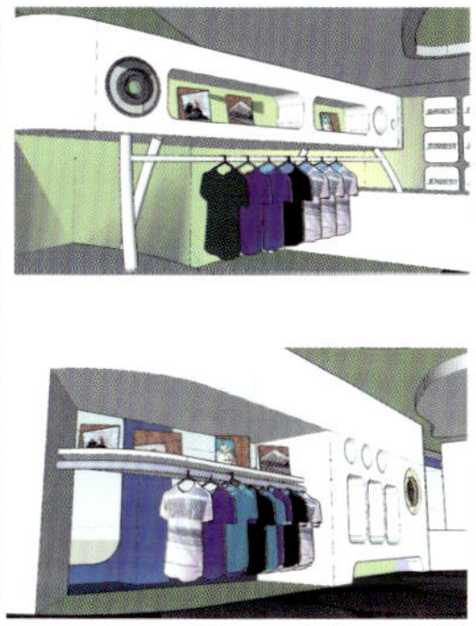

外立面效果

齐鲁青未了（佳作奖）

上海世博会中国山东馆

张坤泉　北方工业大学

设计说明：

本设计为 2010 上海世博会山东馆，主题为齐鲁青未了，设计整体突出和谐、环保的概念。本题在世博会大的主题城市让生活更美好的范围内展现山东文化，经过主题齐鲁青未了的分析得出意在表现山东文化的历史、现在和未来。馆内共分为四个展区通过一山、一水、一圣人即泰山、黄河、孔子来表现山东文化的历史、现在和未来。

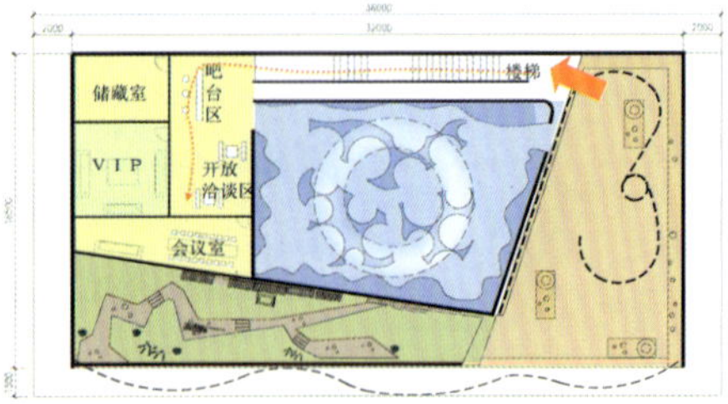

二层平面规划

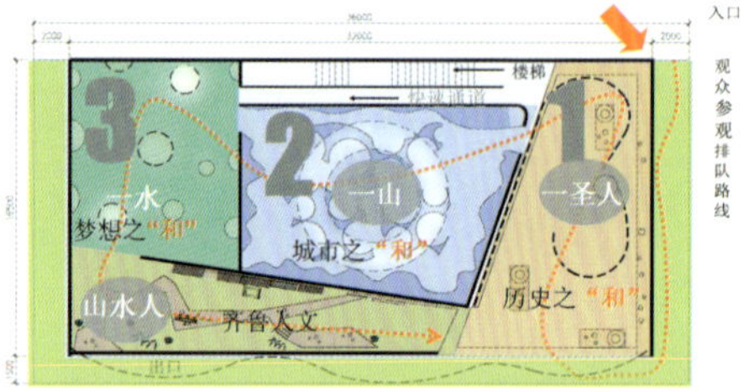

一层平面规划

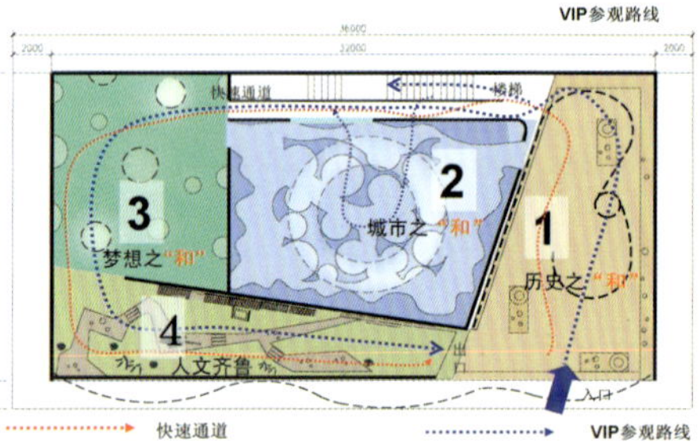

展厅鸟瞰

齐鲁人文展区

人文齐鲁

历史之和主视图

历史之和细部

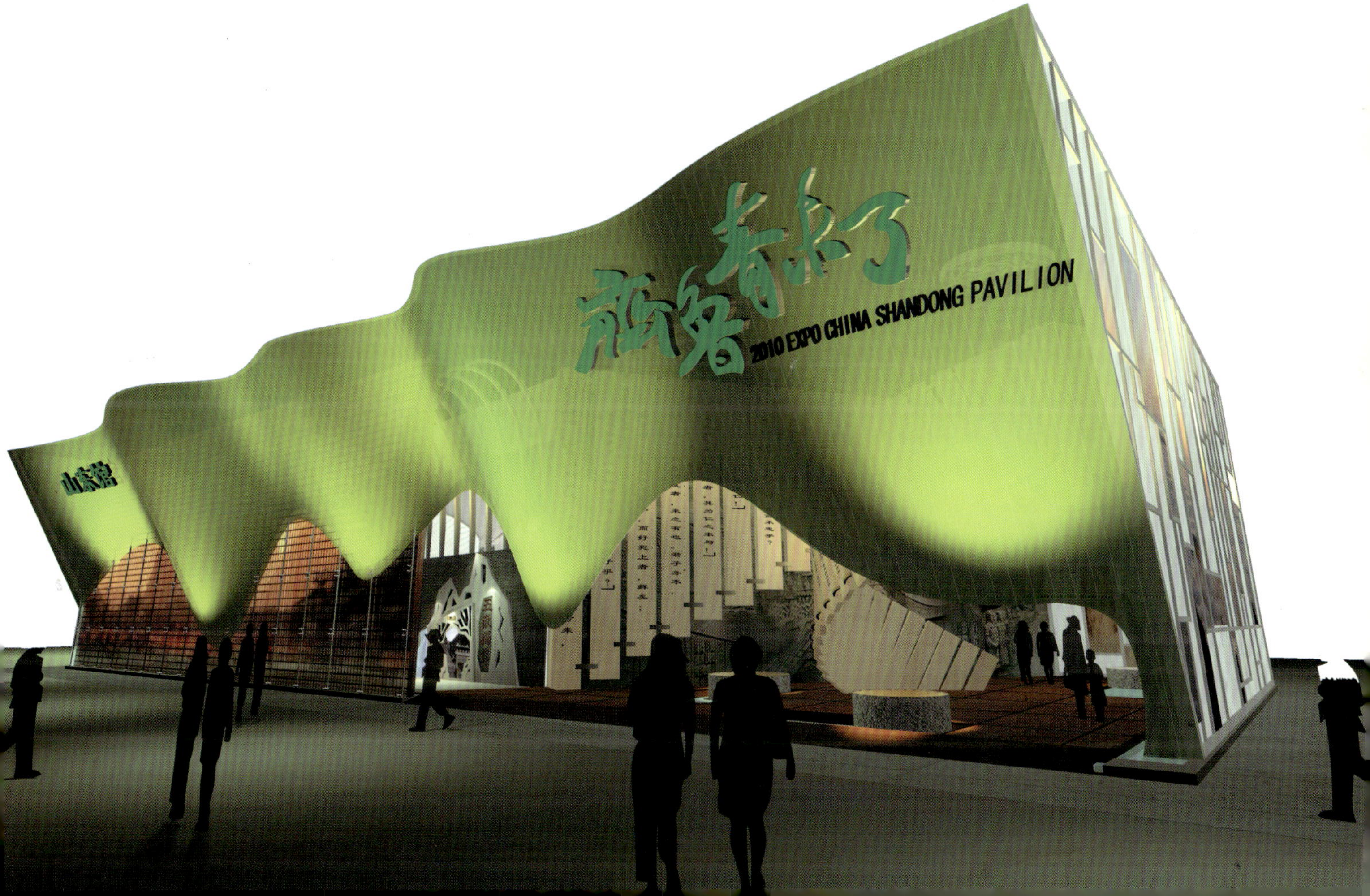

值得思考

一年里尝试了联合四校教学探讨，今天汇集成册，一是交上了实验性成果答卷，二是想用这些成果与更多的同行交流。特别是在本书即将出版发行之际，真诚地说一声：参与四校四导师环境艺术设计方向的全体师生作品是创意可行的佳作，是课题组全体成员与有相同经历的教师、正在成长过程中的中青年教师、校际间最好的交流平台。

速度让世界看到了中国的发展且印象深刻。在高等教育建设方面，取得并完成了西方国家百年才能达到的成就，当下高等教育中的环境艺术设计教育乘上了发展的高速城际列车，交流越来越快捷。时至今日，教育中的有识之师已不只是停留在眼前胜景的视觉兴奋中了。视觉兴奋之余教师们思考了许多：教学就是应试规范吗？交流只是传媒这种方式吗？打破校际之间的教学模式难道不可以尝试吗？教学模式难道都像高考一个样才好？是人为的规范吗？照此发展推论，未来在高等教育环境艺术设计方向上还能有特色吗？“风景这边独好”的名句还能存活多久？人类的教育高度文明真的来得这么迅速？……让耕者无策，我们要反思。

反思让师群中的有识之师深深地认识到：“危机就在眼前”，“中国质量”已是头等大事。科学发展现在当下绝不应该视为流行语。发展中的中国高等教育环境艺术设计方向的速度和质量一直都是值得研究的课题。“中国质量”是世界提出的，并迅速成为热点，到了不得不关注的时候了。中国的发展以和平崛起为主线，同时重视质量更应是生命延续的精神。只有这样，才能为世界主体教育导链增添润滑剂，这是教师群体中有目共睹的。

回顾人类发展在教育中质量上的教训与代价，我们更加认识到教育中的教与学的质量是高等教育环境艺术设计方向的生命线，对于教者与学者来说质量是不可逾越的红线，绝对不是规划虚线。世界提出“中国质量”，证明世界发展已离不开中国，同时中国也走到了创建质量强国的关键时刻。

“中国质量”是一件多层面的大事。特别是在当下社会环境中，“中国教育质量”绝不是画出的大饼，只供人看。多年来我一直在思考把毕业课程指导落实到多层面的交流中。特别是作为教师，如果脱离对教与学的实践追求，教室里的讲台就不会有位置。理论与实践不是今天才有的名词，现实中国高等教育环境艺术设计方向要成为学科还需要努力，拿什么传授给学生，拿什么向教育界汇报，是当前最值得思考的问题。我们在尝试着多科角度分析研究教与学，并不断投入理性实践中，找出一条主线。教师脑中永远思考的是系统与质量的程序，只有这样，才有未来。研究是为了更好地进行教学，让理论在实践中得到用武之地，思考、再尝试，也许我们的努力会为同业者提供些有价值的参考。

王铁　教授
中央美术学院建筑学院
2009 年 6 月 5 日